面向"十三五"高等职业教育专业核心课程规划教材·信息大类

# 电子电路CAD
## 实训式教程

兰建花 主编

U0303983

西安交通大学出版社
XI'AN JIAOTONG UNIVERSITY PRESS

## 内容简介

本书以实际项目工程实践(五个实际电子产品)作教学指引,紧密结合当前元器件发展和企业工艺水平,重点从电路功能和产品实现的电路板工艺制作、元件组装调试方面,阐述电路PCB 设计的全过程。工学结合、任务驱动,设计出符合电气性能和工艺要求的PCB,提升实际工程的 PCB 设计经验和设计能力。本书为"项目引领、任务驱动"式的教材,可作为高等职业院校相应课程的教材,也可供从事电路设计的工程技术人员参考。

**图书在版编目(CIP)数据**

电子电路 CAD 实训式教程/兰建花主编. —西安:西安交通大学出版社,2015.10(2020.1重印)
ISBN 978 - 7 - 5605 - 8066 - 1

Ⅰ. ①电… Ⅱ. ①兰… Ⅲ. ①电子电路—电路设计—计算机辅助设计—高等职业教育—教材 Ⅳ. ①TN702

中国版本图书馆 CIP 数据核字(2015)第 254560 号

| | |
|---|---|
| 书　　名 | 电子电路 CAD 实训式教程 |
| 主　　编 | 兰建花 |
| 责任编辑 | 李　佳 |
| 出版发行 | 西安交通大学出版社 |
| | (西安市兴庆南路 1 号　邮政编码 710048) |
| 网　　址 | http://www.xjtupress.com |
| 电　　话 | (029)82668357　82667874(发行中心) |
| | (029)82668315(总编办) |
| 传　　真 | (029)82668280 |
| 印　　刷 | 西安日报社印务中心 |
| 开　　本 | 787mm×1092mm　1/16　　印张 10.5　　字数 248 千字 |
| 版次印次 | 2016 年 2 月第 1 版　2020 年 1 月第 3 次印刷 |
| 书　　号 | ISBN 978 - 7 - 5605 - 8066 - 1 |
| 定　　价 | 28.80 元 |

读者购书、书店添货,如发现印装质量问题,请与本社发行中心联系、调换。
订购热线:(029)82665248　(029)82665249
投稿热线:(029)82668818　QQ:8377981
电子信箱:lg_book@163.com

# 前　言

多年的教学实践证明,学生在学完电子电路 CAD 技术课程后,在专业后续课程、电子基础工学结合课程、电子产品设计课程和毕业设计等环节中,表现出 PCB 综合设计能力欠缺的现象。面对不同的电路设计、元器件,不知从何下手,不会确定封装,或者随便设计PCB 图,不符合实际元件装配和工艺水平。PCB 设计是一个综合过程,仅对软件本身操作熟练还不能设计出符合要求的 PCB 图,必须具有相关的电路知识、工艺知识与整机装配、焊接调试等知识,要了解元器件的种类、发展与使用,还要了解 PCB 的生产过程,这些都是通过综合训练才能获得和掌握的,这也是本教程的编写初衷。在工程实践中设计 PCB,更深层次地提高 PCB 设计能力。

本书为本校项目课程建设的重要成果,内容主要包括:

(1)开篇导入现代电子产品与 PCB 的关系,通过现代电子产品直观动态的展示,说明产品是怎样设计出来的,引出本门课程的核心 PCB 设计。

(2)由易到难引入五个真实项目(产品),所设计的产品从简单开始,包含电路元器件个数少,软件命令和操作较少,然后再逐步深入。五个项目分别是简易调频无线话筒单面PCB 设计,LED 可调速流水灯单面 PCB 设计,耳机放大电路单面板制作,多数表贴式元件的红外反射循迹电路双面 PCB 设计和基于单片机的红外智能小车 PCB 设计,这些项目均是团队校企合作的工程开发和实习、实训和电子竞赛项目,突出项目的实用性和可操作性,流程看似相同,但每个项目都有自己的特殊内容,从而构成本书广泛的适用范围,为学生担任一线绘图员和制板技术人员,积累实际经验。

本书注重项目的实用性和可操作性,特色如下:

(1)通过现代电子产品直观动态展示,引入现代电子产品与 PCB 的关系,激发学生对电子产品制作的兴趣,选择的五个项目均是校企合作工程开发和实习、实训及参加电子设计竞赛的项目,从电路功能和产品实现的电路板工艺制作、元件组装调试方面,设计出符合电气性能和工艺要求的 PCB 图,在实训过程中积累 PCB 设计的实际经验,从而养成做事的方法和素养。

(2)教材内容的产品选择上由简单到复杂,考虑了设计类型的不同,如单面板、双面板兼顾了 PCB 企业的加工水平、元器件封装的不同类型,插接式元器件、表贴式元器件、集成电路的不同封装。通过学习和训练能够真正掌握印制板图实用、有效的设计方法,从而实现与实际生产的零距离接触。

（3）以电子 CAD 绘图员、PCB 设计师职业资格考证要求，高职电子竞赛作品的支撑为导向，确定知识点。编排顺序上，从易到难、由浅入深，内容重点突出，根据实际要求制作实用的 PCB 和 PCB 元件封装。

（4）操作过程详细而不繁杂，只要按照教程操作，均可得到正确的结果，对于同一功能的不同操作方法，本书详细讲解了最常用、最直接的一种方法，语言通俗，图文并茂。对于元件封装、元件布局、导线修改等与电气特性紧密联系的操作，均对相应的电子技术知识、安装工艺、制作流程作了详细的讲解，而非简单地介绍计算机软件操作。从市场元器件发展及工艺水平，设计出符合工程实践的 PCB。

（5）项目载体背景趣味性的介绍，增加产品设计的目的和理念，切入到产品电路 SCH 设计，进而 PCB 设计与实际制作紧密联系。学生完全可以通过自主学习，掌握 PCB 设计的核心内容。

以"创新、实用"的电子产品来带动电路 PCB 设计，使得电子产品的硬件支撑 PCB 设计成为电子专业学生的必备技能。全书的每个项目均可实现产品的功能。

本书虽然基于 Altium Designor6.9 的电路设计工具平台，但重点介绍产品的设计原则与方法，同样适合于基于其他版本软件进行 PCB 设计的情况。书中电路图有几个电气符号与国家标准不一致，是因为直接采用 Altium 软件中的符号，敬请读者注意，由此带来不便深表歉意。

本书在宁波城市职业技术学院电子信息专业团队指导下，由兰建花负责统稿编写完成。其中，教学院长潘世华（高级工程师）对课程综合实训式的项目进行了指导与审核，并对产品设计与调试方面提供了指导。宋坚波实验师为耳放电路 PCB 制作与调试提供了极大帮助与支持。邵华副教授、雷霞老师在红外智能小车硬件电路图、PCB 设计方面提供了极大的指导与帮助。汪宋良老师在样机产品、PCB 设计、电气与工艺功能等方面提供了帮助。

本书由宁波城市学院任国灿教授和浙江中物九鼎科技孵化器有限公司总工程师朱孟担任主审，感谢他们对电子产品 PCB 设计提供的建设性意见。同时感谢宁波中物东方光电技术有限公司技术发展部和宁波莱斯曼光电科技有限公司技术研发部的支持。

在此，对所有帮助和支持本书出版的领导、同事、朋友表示衷心的感谢。

由于作者水平有限，书中难免有疏漏和不妥之处，恳请读者及时批评指正，不甚感激。

编　者

2015 年 9 月

# 目 录

# 项目导读　印制电路板(PCB)的认知

## 电子产品展示

图0-1是正反设定计时电子产品。从图0-1可以看到,电子元器件都镶在支撑板上,此支撑板即为印制电路板(Printed Circuilt Board,简称PCB),如图0-2所示。PCB是组装电子元器件用的基板,性能良好的PCB是构成高品质电子产品的重要部件。

图0-1　正反设定计时电子产品

（a）成型PCB的顶层(上面)

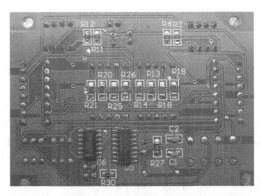

（b）成型PCB的底层(下面)

图0-2　正反设定计时电路成型的PCB

# 任务提出

结合图 0-2,一起来认识电路板(PCB)的结构、功能和基本组成要素,PCB 的分类及电路 PCB 设计的工具。

# 任务要求

1. 结合图 0-2 来观察 PCB 的外观、结构,认识 PCB 元件的轮廓、标注、孔、焊盘、敷铜导线。
2. 给定成型电路板,会判别单、双面板还是多层板。
3. 电路 PCB 图设计,电路设计工具软件安装要点。
4. 掌握课程学习的核心,设计符合工艺和实际电气性能要求的 PCB 板。

# 任务分析

首先来认识 PCB 的组成、功能与分类。从图 0-2 可以看到,PCB 板由元件轮廓形状、元件序号、焊盘,敷铜导线等组成。PCB 板上印有的标志图案和文字代号等便于电路元器件的安装和维修,将实体元件引脚与焊点用敷铜导线连接起来,从而实现电路电气功能,如图 0-1 所示。

观看图 0-1,PCB 板上有直插元件和表贴元件,直插元件通过通孔工艺(THT)使引脚在 PCB 上从顶层穿越到底层,而表贴元件通过表贴安装工艺(SMT)将引脚紧贴在电路板的一面上。还观察到此电子产品 PCB 顶层和底层都有敷铜导线,PCB 图设计符合元件工艺装配需求,组装电子元器件,调试即可。与万能板上制作电子产品相比,PCB 导线连接方面提供巨大便利。PCB 可以实现电路中各个元器件间的电气连接,代替复杂的布线,减少了传统方式下的接线工作量,简化了电子产品的装配、焊接、调试工作。借助电子设计工具,将 PCB 可制造性设计融入到 PCB 设计中,设计出符合制作和电气性能的 PCB 图,PCB 图设计的质量直接关系到 PCB 制作和产品的成败。

# 任务实施

## 任务 1　元器件在 PCB 上的安装形式

通常根据电路的复杂程度,板子的大小、实际工艺和元器件,确定元器件在 PCB 上的安装形式与 PCB 设计,元器件在 PCB 上的安装形式有单面安装形式、单一通孔安装形式、单一 SMT 安装形式或贴装/直插(SMT/THT)单面混合安装形式。

从图 0-1 可以看到,一些元器件直接贴装在 PCB 上,如电阻、集成块;一些元器件通孔插装在 PCB 上,如数码管、按键等。从图 0-2(a)可以看到,PCB 顶层(上面)元器件呈现出贴装/直插(SMT/THT)单面混合安装形式。从图 0-2(b)可以看到,PCB 底层(下面)元器件呈现出贴装 SMT 安装形式。因此,该定时设定电路元器件为 SMT/THT 双面混合安装形式。除此之外,还有双面 SMT 安装形式和一面 THT/一面 SMT 的混合安装形式。

**注意:**不推荐使用双面通孔安装形式。

早期通孔元器件组装的电子产品所用的 PCB 是插装印制板或单面板,随着 SMT(表面装贴技术)的出现,元器件直接贴装在 PCB 上,又称表面组装印制板。随着组装和微互连技术的发展,表面组装 PCB 从单面板、双面板到多层板的开发,并从多层板(一般主板为 4~8 层)朝高层板化方向发展(技术上可做到近 100 层)。一般 PCB 板厚标准为 1.6 mm,随着装置体积的缩减,开始采用更薄的 PCB。

## 任务 2  PCB 的结构分类

### 1. PCB 外形幅面

从图 0-2 看到,PCB 的外形为长方形。长宽比例较大或面积较大的板子,容易产生翘曲变形。原则上不使用大于 23 cm×30 cm 的板子。

PCB 的面积与厚度的选择,不仅要从电气性能上考虑,使一块 PCB 成为一个功能相对完整的独立部分,还需要考虑焊接工艺过程中的热变形以及结构强度,而结构强度又与基材的厚度有关,所以应根据对板机械强度的要求以及 PCB 单位面积上承受的元器件质量,选取合适厚度、大小的基材。因此,需要综合考虑以上因素以及所选用的元器件、产品外形等具体情况,做出一个权衡。

### 2. PCB 的结构

根据电路板的结构可以将 PCB 分为单面板(Single Layer PCB)、双面板(Double Layer PCB)和多层板(Multi-Layer PCB)三种。

(1)单面印制板(Single-sided Board)。在厚度 1~2 mm 的绝缘基板的一个表面敷有铜箔,并通过印制与腐蚀工艺将其制成印制电路。单面板也称单层板,即只有一个导电层,在这个层中包含焊盘及印制导线。这一层也被称为焊接面。另外一面则称为元件面。单面板所有导线集中在焊接面中,适用于线路简单及对成本敏感的场合,如果存在一些无法布通的网络,通常可以采用导线跨接的方法。

(2)双面印制板(Double-sided Board)。在厚度 1~2 mm 的绝缘基板的两个表面覆有铜箔,它是一种包括 Top Layer(顶层)和 Bottom Layer(底层)的双层电路板,双面都有覆铜,都可以布线。通常元器件处于顶层,顶层和底层的电气连接通过焊盘或过孔实现,并且焊盘或过孔都进行了内壁的金属化处理。可以相互交错的两面板布线极大地提高了布线的灵活性和布通率,可以适应复杂电气连接的要求,在目前应用最为广泛。

(3)多层印制板(Multi-Layer Board)。它是由几层较薄的单面或双面印制电路板(厚度 0.4 mm 以下)叠合而成,每层板间进行绝缘层压合。在 Top Layer(顶层)和 Bottom Layer(底层)之间加上若干 Mid-Layer(中间层)构成多层印制板。中间层包含 Internal Plane(电源/接地层)或 Signal(信号层)。各层间通过焊盘或过孔实现互连。多层板适用于制作复杂的或有特殊要求的电路板。

通常,PCB 铜膜导线布上后,在上面有一层防焊层(Solder Mask),防焊层留出焊点的位置,而将铜膜导线覆盖住。这样在焊接时,可以防止焊锡溢出造成短路。另外,防焊层有顶层防焊层(Top Solder Mask)和底层防焊层(Bottom Solder Mask)之分。

从图 0-2 可以看到,PCB 的正面或反面有一些文字(元件标号),印这些文字的层为 Silkscreen Layer(丝印层),它又分为 Top Overlay(顶层丝印层)和 Bottom Overlay(底层丝印层)。

## 任务 3　PCB 的功能和组成要素

### 1. PCB 的功能

将一种铜箔粘压在绝缘基板上,开始时铜箔覆盖在整个 PCB 上,按照 PCB 图的预定设计(预先基于电路设计平台完成的 PCB 图),用印制、蚀刻、钻孔等手段制造出导体图形和元器件安装孔,但在制造过程中部分被蚀刻掉,留下来的部分就是细小线路,即印制线路。

PCB 功能如下:

(1)提供各种电子元器件固定、装配的机械支撑。

(2)实现各种电子元器件之间的布线和电气连接或电绝缘。

(3)提供所要求的电气特性,如特性阻抗等。

(4)为自动焊接提供阻焊图形,为元件插装、检查维修提供识别字符和图形。

将实际元器件进行装配,实现 PCB 支撑电路的电子元器件和互连电路的电子元器件的作用,即 PCB 充当支撑和互联的作用。

### 2. PCB 的基本要素

1)敷铜导线

敷铜导线是覆铜板经过加工后在 PCB 上的铜膜走线,又称为导线,存在于所有的导电层中。从图 0-2 可以看到很多用于连接各个焊点的导线,主要属性为宽度,导线的宽度取决于承载电流的大小和铜箔的厚度。

2)焊盘

PCB 上元器件间的电气连接都是通过焊盘(连接盘)来进行的。焊盘用于焊接元件,实现电气连接并同时起到固定的作用。焊盘的基本属性有形状、所在层、外径及孔径。

图 0-2 为直插焊盘和表贴式焊盘。以"孔"为中心的锡环连接盘,即直插焊盘,主要用于针脚式元器件的焊接。在 Protel 平台上,将焊盘自动设置在 Multi-Layer 层。

表贴焊盘,即非过孔焊盘,主要用于表面贴装元器件的焊接。焊盘与元件处于同一层。Protel 允许设计者将焊盘设置在任何一层,但只有设置在实际焊接面才是合理的。

对于针插式元器件,元件的引脚穿过焊盘内孔焊接固定,焊盘孔径的大小主要依据元件引脚粗细,焊盘尺寸一般是孔径尺寸的两倍。焊盘外径主要基于布线密度、安装孔径和金属化状态而定。

对于表面贴装元器件,直接把元件贴在电路 PCB 表面,粘贴固定,焊盘不需要钻孔,图 0-2 中贴片元件的焊盘呈矩形,焊盘间距很小,元件体较小。

关于焊盘形状的选择与元器件的形状、大小、布局情况、受热情况和受力方向等因素有关。Protel 软件中焊盘的标准形状有三种,即 Round(圆形)、Rectangle(方形)和 Octagonal(八角形),允许设计者根据需要进行 Customize(自定义)设计。焊盘主要有两个参数:Hole Size(孔径大小)和 X-Size,Y-Size(焊盘大小)的尺寸。

焊盘设计是 PCB 设计中至关重要的部分,因为焊盘确定了元器件在 PCB 上的焊接位置,而且对焊点的可靠性、焊接过程可能出现的焊接缺陷、可测试性和检修起着显著作用。

3)元件的图形符号

PCB 元件的图形符号反映元件外形轮廓的形状及尺寸,与元件的引脚布局一起构成元件的封装形式。印制元件图形符号的目的是显示元件在 PCB 上的布局信息,为装配、调试及检修提供方便。在 Protel 中,PCB 元件的图形符号被设置在丝印层。

封装形式主要包括元件外形轮廓、焊盘、元件属性三部分信息。

(1)元件外形,元件实际的几何图形,无电气性质,起到标注符号或图案的作用。

(2)焊盘,用来放置焊锡、连接导线和元件引脚。

(3)元件属性,设置元件的位置、层面、序号和类型值等信息。

封装的确定是 PCB 设计中重要的一环,关系到元器件的安装,影响 PCB 制作的成败。后续项目将会重点介绍。

4)其他辅助说明信息

为了阅读 PCB 或装配、调试等需要,可以加入一些辅助信息,包括图形或文字。这些信息一般设置在丝印层,但在不影响顶层或底层布线的情况下,也可以设置在这两层上。

简而言之,PCB 主要由导线和元件封装组成。

## 任务4　PCB 版图的设计工具

电路板设计软件一般都包含了原理图设计和 PCB 设计两大模块。现在主流的线路板设计软件分别是 Protel、OrCAD、Viewlogic、PowerPCB、Cadence PSD、Mentor Graphics 的 Expedition PCB、Zuken CadStar、Winboard/Windraft/Ivex-SPICE、PCB Studio、TANGO、PCB Wizard(与 LiveWire 配套的 PCB 制作软件包)、ultiBOARD7(与 multiSIM2001 配套的 PCB 制作软件包),等等。Protel 软件在我国应用最为广泛。

### 1. PROTEL DXP2004 的安装

1)基于 Windows 2000 和 WindowsXP 操作系统的软件安装

与一般程序安装相同,点击【setup】中的【setup.exe】,将它安装到指定的文件下(可自己建立)。安装完后打开出现如图 0-3 所示的界面。

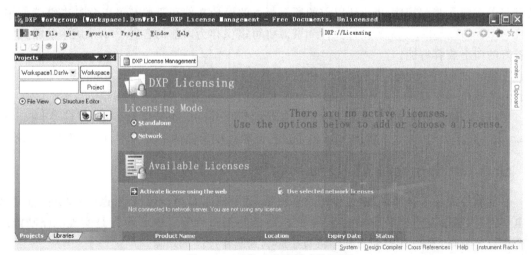

图 0-3　软件安装后没有许可证

通过执行 protel-dxp2004-sp2-Gen key.exe,将生成的.alf 文件复制到安装目录下,即可获得许可权。

2)基于 VISA 和 WIN7 的 64 位系统的软件安装方法

可从网上下载几个软件:

(1)Protel DXP 2004 原始文件.iso。

(2)DXP 2004 SP2.exe。

(3)DXP 2004 SP2 Integrated Libraries.exe。

(4)Altium DXP 2004 SP2 Key Gen.exe。

安装顺序不要出错,安装说明如下:

(1)执行 Protel DXP 2004 原始文件.iso,在生成的【setup】文件夹中有【setup.exe】和【setup.msi】,点击【setup.exe】文件,出现英文提示,点击【Accept】同意安装,然后点击【NEXT】直到完成。

(2)分别运行 DXP 2004 SP2.exe(时间较长,要耐心)和 DXP 2004 SP2 Integrated Libraries.exe 文件,安装 SP2 补丁和 SP2 元件库。

**注意:**顺序不能错。

(3)装上 SP2 补丁后,打开 Protel 左上角【DXP】菜单下的【Preference】菜单项,选中【Use localized rescources】后,关闭 Protel DXP 2004,重新打开软件变为简体中文版本。不过这个软件的汉化不是完全汉化的。

(4)使用 Altium DXP 2004 SP2 Key Gen.exe 进行破解,运行此软件,将"Your Name"替换为你想要注册的用户名,Serial Number,单机使用可以不用修改。User Count,单机版的 License 不用修改。其他参数普通用户不用修改。修改完成后点击【生成协议文件】,任意输入一个文件名(文件后缀为.alf)保存,程序会在相应目录下生成 1 个 License 文件。将生成的.alf文件放在 Protel DXP 2004 的安装目录里面即可。

### 2. Altium Designer 6.9 的安装

Protel 系列 Altium Designer 6.9 版本,可以轻松安装在 WIN7 的计算机操作系统中,并具有完美的向下兼容特性,Protel 以前的所有版本的设计文件和资源都可以拿过来继续使用,而且 Altium Designer 6.9 的设计文件和资源也可以保存为以前的各种 Protel 版本的格式,具有较好的向上兼容特性。

安装方法与一般程序安装相同,授权使用许可,需要执行 keygen.exe,然后将生成的 Altium.alf(Or ad1.alf ad2.alf ad3.alf……)和 DXP.exe 复制到安装目录下。

另外,打开 Protel 左上角【DXP】菜单下的【Preference】菜单项,选中【Use localized rescources】后,关闭 Protel DXP 2004 再重新打开软件变为简体中文版本,可实现部分汉化。

## 任务 5  电子电路 CAD 的核心——PCB 设计

借助软件设计工具平台,通过设计原理图纸,进行线路布局,不但要考虑产品功能,还要考虑电气性能、制造工艺技术要求、经济性和 PCB 的易制造性等。PCB 设计是实现电路功能的一个重要环节,PCB 设计效果的好坏将直接影响到制作产品的质量。

　　一种成功的 PCB 设计,应按电子工程、制造工程,测试工程,装配工程,机械工程,计算机辅助设计,计算机辅助设计检查,管理和采购要求,进行多方面因素的考虑。在电子电路 CAD 实践过程中,将元器件组装与制造工艺一并考虑,不仅要设计满足电子要求的印制板,而且要设计一种在制作、组装、测试、成本等方面优化的电路板。

## 实践训练

　　1. 整块 PCB 的颜色是绿色或棕色,这是阻焊锡绝缘的防护层,起保护铜箔的作用吗?

　　2. PCB 上印有白色的字符序号,通过丝网印刷面(Silk Screen),整齐美观地放在图形轮廓旁边,能放在图形轮廓内或者焊盘上吗? 为什么?

　　3. PCB 按布线结构分为几种? 四层板通常是 1、4 层走线,中间两层为地线和电源,所以同双面板一样,导孔会打穿印制板,但如果有的孔在板的正面出现,却在反面找不到,那么一定是 6/8 层板了吗?

　　4. 安装 PCB 设计工具软件 DXP 2004 或 Altium Designer 6.9,并启动软件。

# 项目 1  简易调频无线话筒单面 PCB 设计

## 项目描述

简易型无线调频话筒(FM 调频发射板),如图 1-1 所示。频率范围:88~108 MHz;工作电压:DC1.5~9 V。电路板上的电子元件话筒(咪头)先将声音信号变成音频电信号,用这个电信号去调制电子振荡器产生的高频信号。最后,高频信号通过天线发射到空中。图 1-2 是此款简易话筒电路图,按照图 1-2 动手制作一个调频无线话筒。

图 1-1  无线话筒电路样品

图 1-2 中电路电气元件说明:高频三极管 VT1 和电容 C3、C5、C7 组成电容三点式振荡器,产生的高频波经 C6 通过天线向外发射。

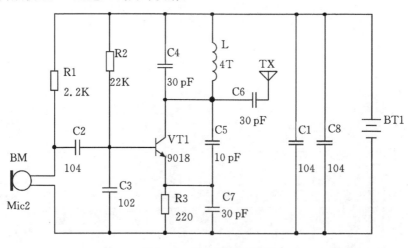

图 1-2  无线话筒电路图

为了使电路简单,VT1 同时也承担了调频管的功能,外界的声音信号从 BM 中拾得,形成电信号,以 C2 耦合,送入 VT1 的基极,音频信号电压波动影响到 VT1 的基极和发射极之间的结电容变化。VT1 等组成的振荡电路的频率,随着输入声音电压信号的波动发生同步的改变,同时使三极管的发射频率发生变化,即实现频率调制。

三极管集电极的负载 C4、L 组成一个谐振器,谐振频率就是调频话筒的发射频率,在 88～108 MHz 之间,正好覆盖调频收音机的接收频率,通过调整 L 的数值(拉伸或者压缩线圈 L)可以改变发射频率,避开调频电台,发射信号通过 C6 耦合到天线上再发射出去。

电路板被称为"硬件电路的骨架、神经和血管"。在 PCB 设计时,要考虑制造工艺和装配工艺的要求,尽可能有利于制造、装配和维修,降低焊接不良率。在满足使用的安全性和可靠性要求的前提下,应充分考虑其设计方法、选择的基材、制造工艺等,力求经济实用,成本最低。

# 任务提出

1. 电路图主要用来表示电路的基本组成和连接关系。绘制电路图,要求易读、清晰、准确、规范。

2. 参阅实物产品 PCB,查找元器件资料并选型,设计 PCB 图。PCB 图是实物板子的一一映射,反映元件在 PCB 上的位置和空间关系。

3. PCB 工艺制作,电路 PCB 设计的实现。

4. 电路元件焊接,元件在 PCB 上的安装、焊接,遵循元件组装的流程。

5. 装配和调试,实现电子产品的功能。

# 任务要求

1. 绘制电路原理图,如图 1-2 所示。

(1)元件电气符号要求能够表征实际元件,不必强求和原图一模一样。

(2)电气导线连接必须正确无误。

2. 设计电路单面板,图 1-3 仅供参考。板子大小为 32 mm×27 mm。

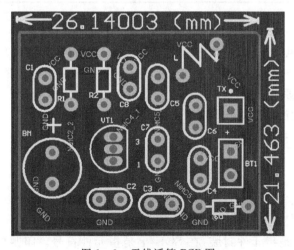

图 1-3　无线话筒 PCB 图

（1）PCB 设计前的准备，封装的选择。封装形式是为适应实际元件或装配服务的，不必要求与图 1-3 一样。

（2）PCB 元件的布局，电阻采用卧式安装；话筒由接线端子或软引线引入 PCB；电源由接线端子接入，或用引线焊接的方式引入电池盒，布局于 PCB 板框的边缘。

## 任务分析

初次实践，对实物元件和元件符号不熟悉。便于初学者对元器件和电气符号的选择，提供元器件清单，如表 1-1 所示。表 1-1 给出了元器件规格、电气符号在库中的名称和对应的元件封装。

表 1-1　无线话筒电路元件清单

| Name<br>名称 | Designator<br>位号 | Value<br>规格 | Lib Ref<br>库元件名 | Footprint<br>封装 | Quantity<br>数量 |
|---|---|---|---|---|---|
| 电阻 | R1 | 2.2k | Res2 | AXIAL-0.3 | 1 |
| | R2 | 22k | Res2 | AXIAL-0.3 | 1 |
| | R3 | 220 | Res2 | AXIAL-0.3 | 1 |
| 电感 | L | 4T | Inductor | AXIAL-0.6 | 1 |
| 瓷片电容 | C1，C2，C8 | 104 | Cap | RAD-0.1 | 3 |
| | C3 | 102 | Cap | RAD-0.1 | 1 |
| | C6，C7 | 30 pF | Cap | RAD-0.1 | 2 |
| | C7 | 39 pF | Cap | RAD-0.1 | 1 |
| | C5 | 10 pF | Cap | RAD-0.1 | 1 |
| 三极管 | VT1 | 9018 | 2N3904 | BCY-W3/E4 | 1 |
| 驻极 | BM | | Mic2 | PIN2 | 1 |
| 电池 | BT1 | 5 V | Battery | BAT-2 | 1 |
| 天线 | TX | | Antenna | PIN1 | 1 |
| 元件位于：元件杂项混合集成库 Miscellaneous Devices. IntLib | | | | | |
| PCB 板 | | 32 mm×27 mm | | | 1 |

读者可以在元件杂项混合库的库元件面板中，逐一浏览各元件的原理图符号和查看对应的元件封装，熟悉常用元件电气符号及对应的封装。关于原理图元件库的基本知识，参看知识链接。

按规范仔细体会 SCH 的绘制流程，电路 SCH 绘制包括元器件选型，封装设计，电路原理设计，PCB 封装指定，原理图整理，原理图检查。设计一份规范的 SCH 对设计好 PCB 具有指导性意义，是做好一款产品的基础。

## 任务实施

### 任务 1　读图，获得元件相关信息

元件在 PCB 图上是指元件封装，在 SCH 上是指元件符号。印制板 PCB 和电路原理图 SCH 上元件序号（位号）一一对应，PCB 元件封装的焊盘编号与 SCH 元件的引脚编号一致，

PCB 导线的连接关系与 SCH 导线连接关系一致。

从实物样机产品看,驻极体小话筒 BM 直接焊接在 PCB 上,电源是通过二端口引线连接的。电阻采用立式安装在 PCB 上,注意对应的封装形式,且称之为 AXIAL－0.1,如图 1－4 所示。

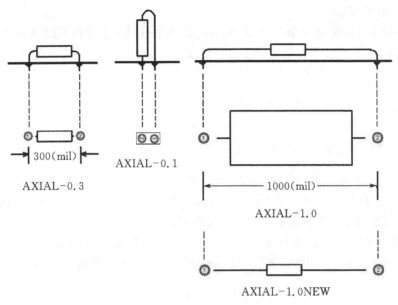

图 1－4　AXIAL 封装的形式

实际样品的调试、维修及 PCB 设计图的检查,常需要对照电路原理图进行。电路 SCH (Schematic Diagram)是电气符号按其工作顺序排列,详细表示电路、设备或成套装置的全部基本组成和连接关系,而不考虑实际元件位置的一种简图,供详细了解电路工作原理、分析和计算电路特性用,国标中称之为电路图(Circuit Diagram)。

## 任务 2　新建项目工程文件、SCH 文件和 PCB 文件

为了养成良好的设计习惯,也便于日后修订与查找文件,平时做 PCB 项目设计时需要建立专用文件夹。这里在指定盘(如 D 盘)建立专用文件夹,命名为"调频话筒"。将项目工程文件(.PRJPCB),及项目下的 SCH 文件(.SchDoc)和 PCB 文件(.PcbDoc),都保存在专用文件夹下,如图 1－5 所示。

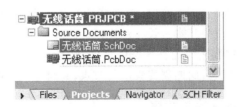

图 1－5　新建的项目文件、SCH 与 PCB 文件

(1)启动 Altium Designer,执行【File】→【New】→【PCB Project】菜单命令,新建一个 PCB 工程项目文件。执行【File】→【Save Project】,将新建的项目保存到"调频话筒"专用文件夹中,将新建的项目工程文件重命名为"无线话筒.PRJPCB"。

(2)执行【File】→【New】→【Schematic】菜单命令,新建一个原理图文件,系统自动将文件加入到项目中。若没在项目中,可将鼠标指向文件并按住左键直接移到项目中,松开左键即可。再执行【File】→【Save As】将原理图文件保存到专用文件夹中,并将新建的原理图文件命名为"无线话筒. SchDoc"。

(3)在项目文件中新建一个 PCB 文件,执行【File】→【New】→【PCB】菜单命令,执行【File】→【Save As】将 PCB 文件保存到调频话筒专用文件夹中,将新建的 PCB 文件命名为"无线话筒. PcbDoc"。

## 任务 3　电路 SCH 的绘制

### 1. 在原理图编辑界面设置参数

如图 1-5 所示,在项目面板中,双击"无线话筒. SchDoc"文件,进入原理图编辑界面。按键盘上的 Page Up(Down)可以放大(缩小)显示图纸栅格。使用栅格可以使绘制的图纸美观整齐,可以根据实际情况选择栅格大小。设置如下:

执行菜单命令【Design】→【Document Option...】,进入【Document Options】对话框。可以对【Snap】值进行设置,为了绘图和放置元件的方便,移动步长参数修改为 5,如图 1-6 所示。

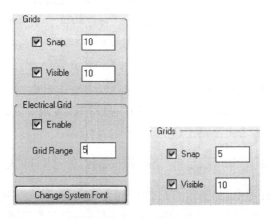

图 1-6　修改移动步长参数

(1)【Visible】选项:可视栅格。即将图纸放大后可以看到的小方格,默认值为 10 个单位。

(2)【Snap】选项:捕捉栅格。即画图时,图件移动的基本步长,默认值为 10 个单位。即元件移动,或画线时以 10 个单位为基本步长移动光标。

(3)【Electrical Grid】选项:电气栅格。选中该项,则在连线时会以【Grid Range】栏中的设定值为半径,以光标中心为圆心,向四周搜索电气节点,并自动跳到电气节点处,以方便连线。

### 2. 调用元器件,编辑属性并放置

电路中的元器件均取自于元器件库,如表 1-1 所示。在新建原理图文件时,Miscellaneous Devices. IntLib(混合集成库)和 Miscellaneous Connectors. IntLib(接插件杂项集成库),通常已经默认加载到库面板的元器件列表中,常用的元件都能在这两个杂项库内找到。

如果使用过程中移除了该库,或者在后面项目电路绘制中需要载入其他元器件库,则必须

加载元器件库。关于元器件库的加载、卸载，参看技能链接。

下面在图纸中开始放置元件，在当前 Miscellaneous Devices. IntLib 库中，调用电容（Cap）、2N3904（NPN 三极管）、电阻（Res2）、电感（Inductor）、电池（Battery）等。

1）打开元器件库文件面板，选择当前所需的元件库

在 SCH 界面编辑区右侧（或右下方）找到【Libraries】标签，将其直接拖动到 Project 项目控制面板中。单击面板下方的【Libraries】标签，从项目控制面板切换到库元件面板。如果没有找到【Libraries】标签，单击界面状态栏底部右侧的【System】，在弹出菜单中单击【Libraries】，即会在控制面板的底部出现【Libraries】标签。

在元器件库文件面板中，选择 Miscellaneous Devices. IntLib 为当前库，如图 1-7 所示。

2）库内元件的查找

在图 1-7 库元件列表中，逐个浏览库内元件的有关资料，找到合适的元件再放置到 SCH编辑窗口中；或者在关键字过滤栏中输入元件的分类名（如 NPN），在库中按指定的关键字快速查找。

3）取出元件

在图 1-7 库元件列表中，鼠标双击【2N3904】，可以看到元件图形黏附在光标上，并跳到SCH 编辑区，同时按下 Page Up 键直到清楚显示图形，如图 1-8 所示。

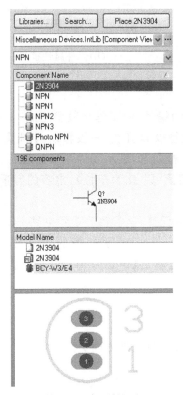

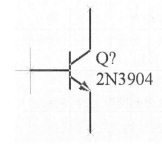

图 1-7　库元件面板　　　　　　　图 1-8　光标上黏附元件

4）设置元件属性

从原理图库中取出的原理图元件还没有输入元件编号、参数等属性，按下键盘上的 Tab

键,弹出元件属性对话框,如图1-9所示。

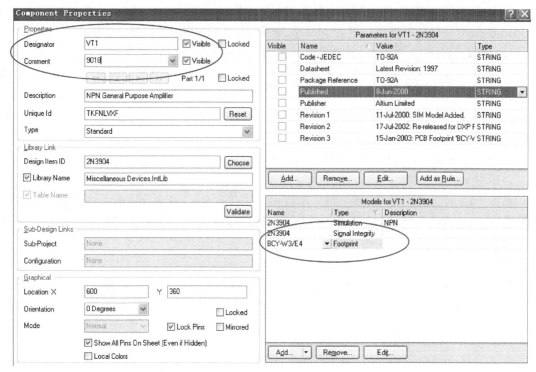

（a）元件属性框的左上角　　　　　　　（b）元件属性框的右上角

图 1-9　原理图元件属性框

（1）【Designator】元件编号:唯一代表该元件的编号,由字母和数字组成,一般字母表示元件的类别,如电阻以 R 开头、电容以 C 开头、二极管以 D 开头、三极管以 Q 开头等。数字部分表示元件依次出现的序号。其后的【Visible】复选框勾选,表示元件编号在图纸中显示出来。

（2）【Comment】元件型号或参数:如电阻的阻值(以 Ω 为单位),电容的容量(以 pF 和 μF 为单位),三极管或二极管的型号等。

（3）【Footprint】元件封装:封装在 PCB 中代表元件,该参数关系到电路 PCB 的制作,封装决定了元件在 PCB 中所占的平面与空间位置,任何实际电路的 PCB 设计,都离不开【Footprint】。原理图元件封装的选择与更改,通过双击【Footprint】,在弹出框中查看与选择封装形式来实现。此处暂时不进行修改。

设置完成,单击【OK】。

5）调整元件方向

元件调出未放到图纸上时,利用键盘上的按键调整元件方向。

按空格键:元件逆时针方向旋转90°。

按 X 键:每按一次,元件水平方向翻转一次。

按 Y 键:每按一次,元件垂直方向翻转一次。

翻转前后的对比效果,如图1-10所示。元件方向调整有时综合运用以上三个键,满足元件摆放的要求。图1-10说明元件符号发生方向变化,标注的方向不发生变化。

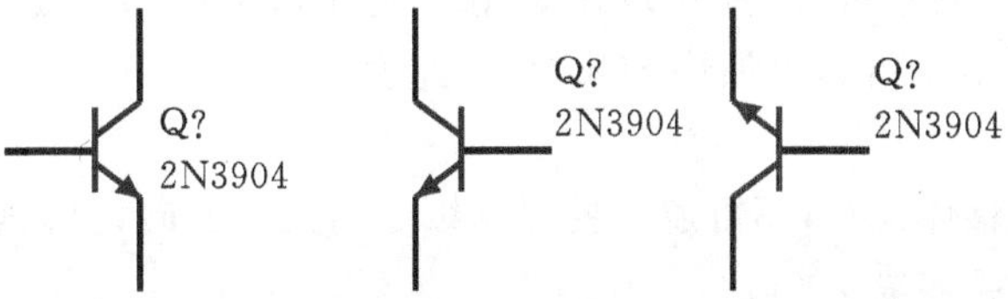

（a）翻转前　（b）左右翻转后　（c）上下翻转后

图 1-10　元件布局

6）放置元件

将浮动于光标下的元件移动到合适位置，单击鼠标左键，将元件放置到图纸上。

**注意：**元件引脚在栅格线上，便于后续元件引脚端点之间的连线。

此时鼠标仍处于同类型元件的放置状态，并且元件的编号自动增加 1，如图 1-11 所示，可以继续移动光标，单击鼠标左键放置同类元件。单击鼠标右键，结束元件的放置状态。

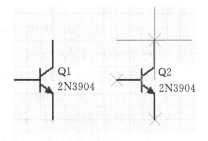

图 1-11　放置元件

依据相同方法，放置电阻、电容、电感等元件，但元件属性设置稍有不同，图 1-12 为电阻的属性设置，由于其参数栏的【Value】项可以输入参数，所以【Comment】项可以不设置，并且其后的【Visible】复选框也不选上。

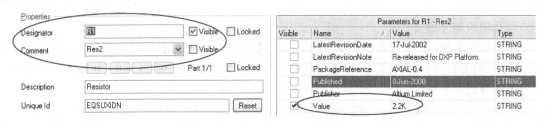

图 1-12　电阻元件属性设置

完成原理图元件的放置，如图 1-13 所示。

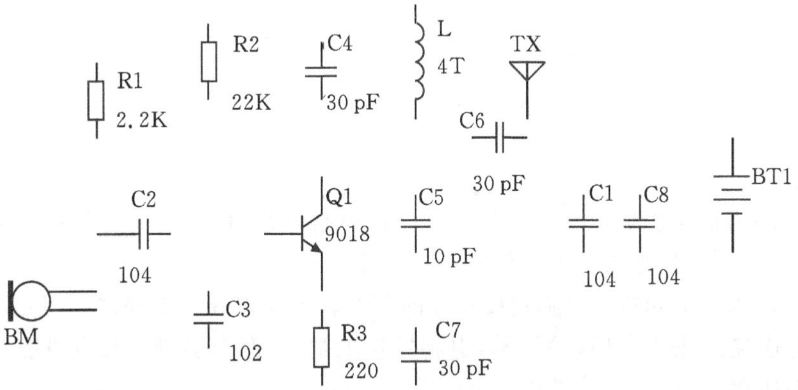

图 1-13　简易话筒原理图元件的放置

**温馨提示**：在元件放置过程（库中取出黏附于光标），按 Tab 键编辑元件属性，或按空格键、X 键和 Y 键调整元件方向，以加快 SCH 绘制速度。

7）元件调整布局

原理图元件布局整体检查，不可避免要对图纸上的元件方向、位置等进行调整。具体操作有元件的移动、旋转、翻转等。

调整的方法：鼠标移到要调整的元件图形上，按住鼠标左键不放，此时元件黏附在光标下（此时也可按 Tab 键设置元件属性），拖动鼠标到指定位置，即可调整元件位置，同时按 X 键、Y 键或空格键调整元件方向。

8）删除多余元件

检查图纸上是否有与本张图无关的元件，多余的元件必须删除。操作方法如下：

（1）执行菜单命令【View】→【Fit Document】，可以看到当前图纸中的所有元件。

（2）鼠标移到与本图无关的元件上，单击出现绿色小方块和虚线包围，然后按键盘上的 Delete 键，即可将选取的元件删除。

（3）执行菜单命令【View】→【Fit All Objects】，将当前对象最大化显示在图纸中。

另外，关于元件的选取（单个或多个元件），元件的复制和粘贴，用类似与 Windows 的操作方法即可。

## 3．原理图元件的连线

元件放置完成，用有电气特性的导线将元件的管脚连接起来，表示实际电路中元件管脚的电气连接关系。

1）正确绘制导线

单击鼠标右键，在弹出菜单中执行【Place】→【Wire】，始于元器件符号引脚的端点或导线端点单击，需要转弯的地方单击，止于元器件符号引脚端点或导线端点单击，如图 1-14 所示，正确连线导线。

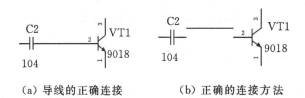

（a）导线的正确连接　　（b）正确的连接方法

图 1-14　导线的正确绘制

2）常见错误连接

图 1-15(a)为错误绘制导线的一种情况。在绘制导线时，导线与元件引脚发生了重合，如图 1-15(b)所示，绘制导线过程中任何一处连接都不能发生重合。

图 1-16(a)为两个元器件引脚直接相连的情况。表面看并无不妥之处，但实际上两个引脚之间并没有连接，如图 1-16(b)所示，引脚发生了重合，两个引脚的端点没有连接在一起，连线时要特别注意。

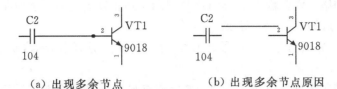

（a）出现多余节点　　　　　　（b）出现多余节点原因

图 1-15　导线的错误连接

（a）看似正确的引脚连接　　　　　（b）错误原因

图 1-16　元器件引脚重合的错误连接

还有一种错误,把【Line】(线段)当成【Wire】(导线),用【Line】去连接元件,结果原理图更新到 PCB 上电气线路全错。【Line】是用来画边框图形的,不具备电气特性;【Wire】相当于导线,用来连接电路才有导电特性。

3)正确的导线节点

在绘制导线时,两线呈"T 型"交叉时,会自动在交叉点上加一个 Junction(节点),表示两点接通。当两线呈"十字型"交叉时,系统不会放置节点,此时需要根据实际情况来决定是否加节点。没有电气连接的,不必加电气节点;有电气连接的,需要在交叉点上,放置一个电气节点接通电路,执行【Place】→【Manual Junction】,手工放置一个节点。

### 4. 放置电源与接地符号

本电路中用电池提供电路的工作电源,如果原理图中不放置电池符号,也可以放置电源与接地符号代替。执行【Place】→【Power Port】,光标下黏附电源/接地符号,按 Tab 键,弹出对话框,按如图 1-17 所示设置。

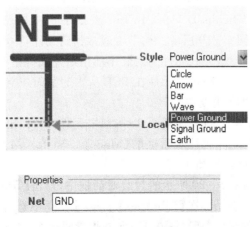

图 1-17　接地符号设置

**注意:**【Net】网络一定要输入 GND,GND 表示与地相连的网络。然后在 SCH 中合适位置单击,放置接地符号,如图 1-18 所示。

放置电源符号,方法同上。在符号显示类型【Style】中,选择【Circle】或者【Bar】,这只是一种形式。

**注意:**在【Net】网络属性中输入 VCC,表示该符号将连接到电源"VCC"网络中。单击放置,如图 1-18 所示。

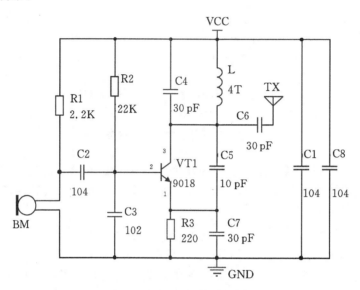

图 1-18　放置电源接地符号的电路图

**温馨提示:**放置接地符号容易疏漏 Net 网络名称的输入,一定要输入 GND。电源、接地网络区分清楚。一个网络只能有唯一的一个网络标号与之对应。

## 任务4　查看、更改 SCH 元件封装

在确定元件引脚封装前,应对电路中的元件实物有充分的了解,并且熟悉元件在电路板上的安装工艺,以帮助确定封装,封装即实物元件在 PCB 上的投影。

在浏览集成库 Miscellaneous Devices. IntLib,关键字快速查找 CAP,Model 对应的封装形式,有三种可供选择,如图 1-19 所示。初学者通常找到元件符号就直接在 SCH 中放置,往往忽略封装形式的选择。显然,立式元件的封装不能用贴片式类型的封装,此处虽全是立式封装,但封装尺寸大小不同。封装决定了元件在 PCB 所占的平面与空间位置。

查看与修改元件封装的操作方法:

(1)打开元件属性对话框。打开原理图文件,双击元件 C1,弹出元件属性对话框。

(2)查看现有封装。在元件属性对话框的【Models List for C1】栏中,双击【Footprint】封装,调出元件封装模型修改框,如图 1-20 所示。

(3)浏览封装库。在如图 1-20 所示的封装对话框中,点击【Browse】浏览按钮,弹出封装库浏览对话框,如图 1-21 所示,在【Libraries】下拉列表框中选择"Miscellaneous Devices. IntLib",浏览并选择合适的封装"RAD-0.1",元件焊盘间距 2.54 mm,轮廓长度 5.08 mm,宽度 2.3 mm。

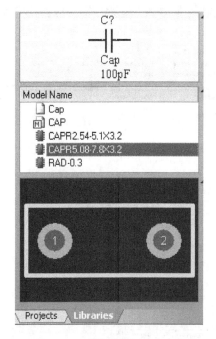

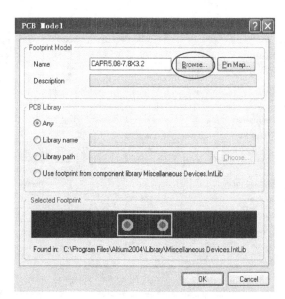

图 1-19　自带集成封装的浏览　　　　　图 1-20　添加元件封装框

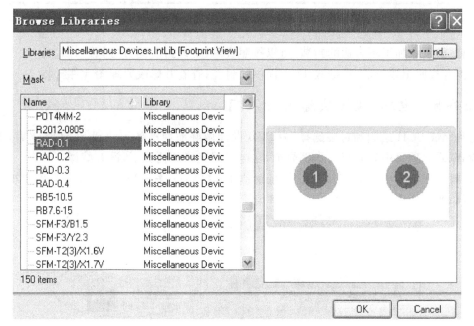

图 1-21　封装库浏览对话框

（4）选定新封装。通过浏览可以看到封装"RAD-0.1"符合瓷片电容要求，点击【OK】按钮，回到添加封装对话框（类似图 1-20，此处省略），可以看到已经添加了新的封装"RAD-0.1"。

（5）返回元件属性设置对话框。点击【OK】按钮，返回如图 1-22 所示的属性设置对话框，可以看到电容的封装已经更改为"RAD-0.1"，单击【OK】按钮完成设置。

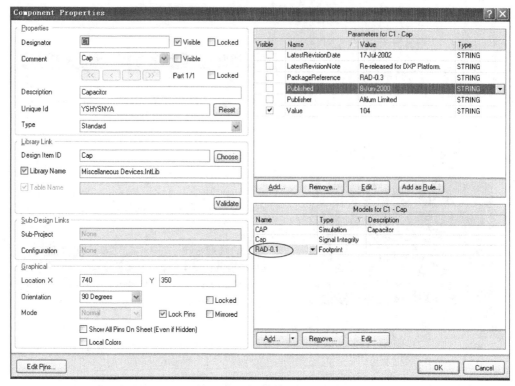

图 1-22　电容的封装已经更改

**注意**：如果添加了不合适的封装，可以按照查看、更改封装的方法，重新添加。

请读者按照上述方法，根据表 1-1 提供的封装，查看并修改原理图元件封装。

## 任务5　电路 PCB 快速设计入门

正确完成 SCH 绘制和封装选择，为 PCB 设计做好前期准备。一般 SCH 绘制后，要进行编译检查，后面项目中有介绍。本例简单，在电路图正确的情况下，没有编译。

（1）打开任务 1 中的 PCB 文件。执行菜单命令【Design】→【Board Layers】，弹出板层配置框，设置单面板如图 1-23 所示。在 PCB 编辑界面底端将不显示 Top Layer 层。

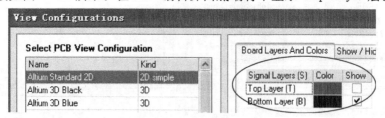

图 1-23　设置单面板

（2）单击 PCB 图纸底部的【Keep-Out Layer】（禁止布线层）标签，如图 1-24 所示。

图 1-24　禁止布线层标签选择

（3）执行菜单命令【Place】→【Line】，画一段线。执行【Edit】→【Origin】→【Set】，将线段起点设置为原点(0,0)，按键盘 Q 键，单位转换为 mm，双击线段坐标设置来定位尺寸(32,0)。利用坐标设置画出 X 方向长度 32 mm，Y 方向长度 27 mm 的长方形作为 PCB 边框，如图 1-25 所示。

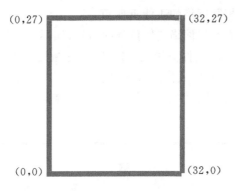

图 1-25　画出边框

（4）切换到 SCH 编辑区，执行菜单命令【Design】→【Update PCB Document 无线话筒.PcbDoc】，弹出如图 1-26 所示的工程更新框，将原理图的内容传输到 PCB 上，列出了所有即将执行的内容。

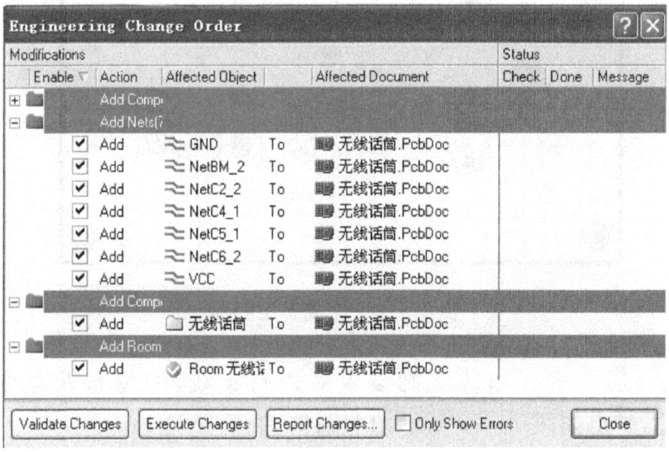

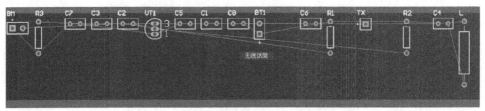

图 1-26　工程项目更新内容

（5）单击【Validate Changes】按钮，右边【Check】列表出现全√ 状态，说明原理图导入到 PCB 没有错误，若有错误必须修改，后面项目做了详细讲解。单击【Execute Changes】按钮，将原理图元件和表示网络连接关系(飞线)导入到 PCB 文件中，单击【Close】按钮，执行菜单命令【View】→【Fit Document】，将当前对象最大化显示在 PCB 中，如图 1-27 所示。

图 1-27　原理图信息装入到 PCB 编辑界面

(6)元件都在 Room 框内,拖动红色 Room 框到 PCB 图纸中心。然后,单击 Room 框选中,按键盘上的 Delete 删除 Room 框。

开始布局 PCB 元件。拖动元件到 Keep-Out Layer 边框里,按空格键调整元件方向,飞线(预拉线)会跟随元件移动,相同网络的飞线近而短。

**注意**:飞线只是形式上表示出网络之间的连接,没有实际的电气意义。

PCB 元件摆放,参照原理图元件信号流向摆放,并尽量均匀分布。同时需要考虑软引线、接插件的元件布局,考虑元件的机械位置和方便拆装。另外,当元件位置调整引起标注反向时,应单独对标注进行调整,保持标注的字母和数字方向相同。完成后的手工布局如图 1-28 所示,布局结果不唯一。

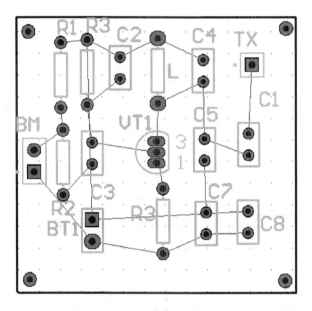

图 1-28　完成手工布局

(7)手工布局后,通常进行布线规则设置后进行布线,加宽布线宽度。执行菜单命令【Design】→【Rules】,弹出如图 1-29 所示的对话框,设置导线宽度。

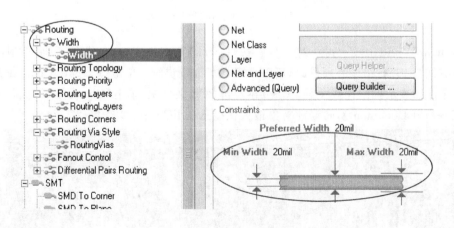

图 1-29　导线宽度设置

由于是单面板设计,在如图 1-30 中设置板层,取消顶层的默认设置,设置底层布线。

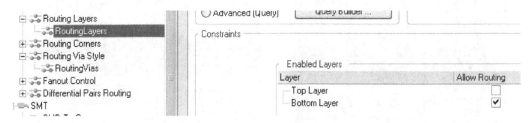

图 1-30　设置单面板底层布线

(8)执行菜单命令【Auto Route】→【All】,在弹出的布线对话框中单击【Route All】自动布线。由于本电路简单,反复执行自动布线几次,选择相对布线整洁的,如图 1-31 所示。

本例仅为熟悉 PCB 的流程,为快捷方便而采用了自动布线,事实上自动布线效果并不理想,布出的线凌乱无章,舍近求远。

导线对于电气产品的功能实现至关重要,强调在后续的项目采用手动敷铜布线。这里修改后如图 1-32 所示。关于如何手动布线,具体操作见项目 2。

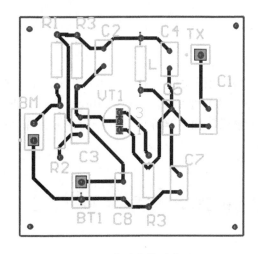

图 1-31　自动布线后的 PCB

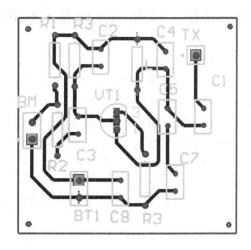

图 1-32　手工修改布线

(9)执行菜单命令【View】→【Switch to 3D】,观察到 PCB 元件面的布局,如图 1-33(a)所示。执行菜单命令【View】→【Legacy 3D View】,观察到 PCB 的 3D 设计效果,如图 1-33(b)所示。

细心的读者会发现,图 1-32 的 PCB 设计与图 1-33 有差别,导致差别的原因是:

①元件封装外形的差别,这一点只要保证实物元件能够安装在印制板上,封装只是一种形式而已。

②元件布局和电气连线的差异,不同 PCB 设计人员设计的 PCB 肯定是有差异的,但必须遵守电路 PCB 布局、布线的原则,这在后面项目中会专门讲解 PCB 设计布局、布线原则。

本电路 PCB 的设计到此告一段落,本项目对于原理图的绘制,元件封装的查看、更改作了详实的讲解。对于 PCB 设计,仅从使用软件快速入门的角度,介绍单面板设计的流程,起到抛砖引玉的作用,对于 PCB 布线调整没有展开,将在后面项目中进行介绍。此外要做成实物PCB,需要打印输出再制板,参阅后面项目的专题讲解。关于元件的焊接、调试请自己完成。

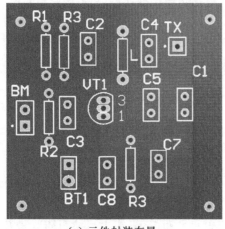
（a）元件封装布局

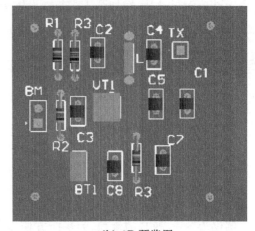
（b）3D 预览图

图 1-33　PCB 设计 3D 效果图

## 知识链接　原理图元件基本知识

1）原理图元件库

原理图元件是原理图绘制的最基本要素，保存在原理图元件库中。Protel 所有的元件都归属于某个或某些库。Altium Designer 中自带了丰富的元件库，在系统库 Library 文件夹下，包含了 Intel、Atmel、NSC、Motorola、Philips 等数十家国际知名半导体元件厂商的元件库，它们以公司名称文件夹的形式出现，如图 1-34 所示。

图 1-34　半导体厂商的元件库

从图 1-34 看出，有两个混合集成元件库 Miscellaneous Devices. Intlib 和 Miscellaneous Connectors. Intlib，不属于某家公司。Miscellaneous Devices 混合库中包含电阻（Res）、可调电阻（Rpot）、电容（Cap）、三极管（NPN 和 PNP）、二极管（Diode）、开关（Switch）、晶振（XTAL）、

光电晶体管(Photo)、变压器(Transform)、蜂鸣器(Buzzer)等；Miscellaneous Connectors 中包含许多端口连接件如 Header 系列等。这两个库作为系统默认库已被加载到库元件列表中。特此说明，在 Protel 99SE 中，元件库是以工程数据库的方式管理，SCH 元件加载或导出后为 .Lib 文件。

厂商以公司名字命名的库文件夹下，按元件类属进行分类的集成库文件，以安森美半导体(ON Semiconductor)为例，如图 1-35 所示，在 ON Semiconductor 下包含许多类别元件，如模拟运放、555 计时器、计数器类等集成库(扩展名为 .IntLib)。每一集成库中又包含从几只到数百只不等的元件，并将元件的电气符号、封装形式、仿真模型、信号完整性分析模型绑定在一起。

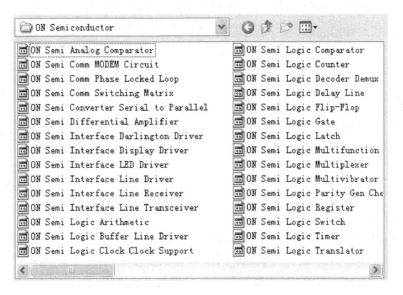

图 1-35　公司的集成元件库

有些元件由于很多家公司都有生产，所以会出现在多个不同的库中，这些元件的具体命名通常会有细微差别，如 74LS138、74HC138，这些元件为兼容(可互换)元件。

2)原理图元件

绘制原理图必须用到原理图元件，原理图元件是一种电气符号，包含元件体和元件引脚两个部分，元件引脚则用来与外部电路建立连接。电气符号的引脚分布及位置相对比较灵活，便于轻松阅读电路的电气关系，并非与实物元件完全对应，只要反映电路图电气连接关系，但是电气符号的引脚编号和实际元件对应引脚编号必须保持一致。而且电气符号尺寸大小并不需要和实际元件尺寸成比例。

一张原理图中总是有多数的元件可以在 Protel 自带库中找到，所以通常先加载现有元件库，放置元件，然后生成原理图对应元件库，在这个库中新建元件或修订现有元件，新建的元件可以立即加载到原理图中，经修订的元件也可以直接替换更新。

原理图元件属性的编辑：①编号唯一性，编号由字母前缀和数字后缀组成；②元器件值，关键参数值和必要的额定值，型号如二极管、三极管、集成电路等，编号标注，参数及单位要符合行业规则；③元器件的封装选择，可查找元器件说明书、数据手册确定。

## 技能链接　加载/卸载元件库

SCH 界面中找到【Libraries】标签并单击,打开【Libraries】库文件面板,单击库面板左上角的【Libraries...】按钮,进入元件库删除与添加对话框,如图 1-36 所示。

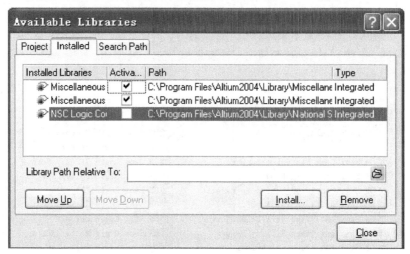

图 1-36　添加/卸载元件库

1)卸载元件库

(1)选中删除对象并单击右下方的【Remove】按钮。

(2)将该元件库从当前元件库列表中移除,即卸载元件库,这并不是删除元件库,该库仍然保存在系统库 Library 文件夹中,下次需要时仍可加载过来使用。

2)加载元件库

对指定的元件库进行添加,必须要知道元件库的存放路径。

**提示：**

(1)常用元件库默认保存在安装盘的 X:\Program Files\Altium\Library 目录下,加载需要的元件库,再调用。

(2)自己做的个性化元件库、封装库,要知道存放的路径,加载、调用元件。

(3)从网上下载的元件封装,COPY 到指定目录,加载、调用元件。

添加/移除元件库面板,如图 1-36 所示,单击【Install...】添加按钮,弹出选择元件库对话框,选择要添加的元件库"Atmel Microcontroller 8-Bit AVR",如图 1-37 所示。

单击【打开】按钮,即可看到该库已经添加到元件库列表栏中,如图 1-38 所示。

单击图 1-38 对话框中的【Close】关闭按钮,回到库文件面板中,可以看到当前元件库下拉列表框中已经有了 Atmel Microcontroller 8-Bit AVR. Intlib,如图 1-39 所示。

将需要的元件库添加到原理图库元件当前列表中,从库中调用元件到 SCH 中。

**技巧小结:**不管 SCH 绘制还是在 PCB 设计中,元件都是灵魂。必须将元件所在库添加到当前库文件列表中,加载原理图元件库或 PCB 封装库,是绘制 SCH 图或将 SCH 装入到 PCB 的前提基础。

图 1 - 37　选择元件库对话框

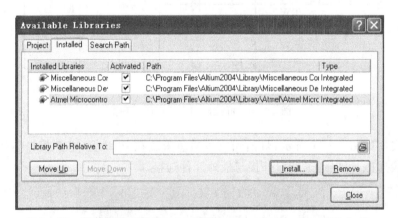

图 1 - 38　新添加的元件库 Atmel Microcontroller 8 - Bit AVR. Intlib

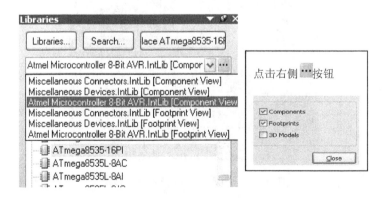

图 1 - 39　库文件面板中新添加的元件库

## 实践训练　可控硅电灯调光器的制作

可控硅电灯调光器电路图如图 1-40 所示,原理图中摆放着所有的元件,由电源插头、灯泡、电源开关 S1、整流管 D1~D4、单相可控硅 KD1 与电源构成主电路;由电位器 RP1、电容 C1、电阻 R1 与 R2 构成触发电路。将插头插入电插座,闭合 S1,接通 220 V 交流电源,D1~D4 全桥整流得到脉动直流电压加至 RP1,调节 RP1 的阻值,就能改变 C1 的充/放电时间常数,即改变 KD1 控制触发角,从而改变 KD1 的导通程度,使灯泡获得 0~220 V 电压。RP1 的阻值调得越大,则 EL 越暗,反之越亮,达到无级调光的目的。

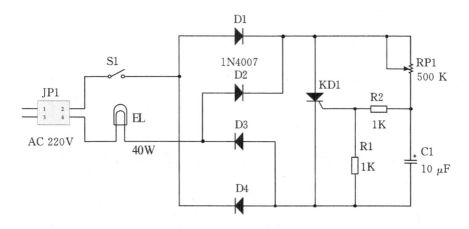

图 1-40　可控硅调光灯电路原理图

调光灯实物如图 1-41 所示,灯泡和电源插座未装在 PCB 上,电源接口与外面的连接是一个物理连接插座,可以通过端口外接与板外元件连接。

图 1-41　可控硅电灯调光器实物图

PCB 设计时根据具体需求放置不同的连接器,尽可能放置在 PCB 的一侧,使连线尽可能短。如果不放插座,就只能在 PCB 上焊软线引出电源和地线。图 1-41 的灯泡和电源插座一脚分别外接地,其他一脚分别接在 PCB 上。另外,PCB 上没有对应的开关自锁按钮,直接用导线,接上 220 V 交流电源和 40 W 的白炽灯,调光开关和白炽灯是串联的,通电后调节电位器的旋钮,灯泡的亮度就会有相应的变化。

## 任务要求

1. 绘制如图 1-40 所示的电路 SCH。注意电容、二极管的极性,并进行封装的选择。
2. 参考图 1-41,设计 30 mm×35 mm 的单面 PCB,手工布局元件。
3. 敷铜导线加宽为 40 mil,初步完成 PCB 的设计。

# 项目 2　LED 可调速流水灯单面 PCB 设计

## 项目描述

以十路流水灯产品为载体,一起感受电子技术带来的乐趣,调节电位器旋钮,可调整彩灯的闪光速度,如图 2-1 所示。电子元器件都镶在印制电路板(PCB)上,通过元件管脚、封装、焊盘和实际铜箔走线实现电子产品的功能。图 2-1(a)、(b)是流水灯布局样式的不同,整个电路功能完全相同。

(a) 流水灯布局成直线　　　　　　(b) 流水灯排成圆

图 2-1　十路可调速流水彩灯

调节电位器旋钮,可调整彩灯的闪光速度,结合流水彩灯电气原理图(见图 2-2),调节 R3的大小可以改变 NE555D 输出脉冲的振荡频率,NE555D 输出脉冲加载到 CD4017 的时钟输

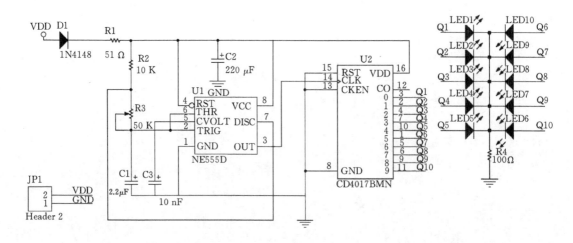

图 2-2　流水灯电气原理图

入端,进而改变 CD4017 的时钟信号触发频率,即可以改变十路流水灯的流水闪光速率,当第一触发脉冲到来时,只有 Q1 输出高电平,LED1 点亮。

第二个脉冲到来时,只有 Q2 输出高电平,LED2 点亮、LED1 熄灭。依此类推,到 Q10 输出高电平,LED10 点亮、LED9 熄灭。完成一个脉冲计数循环输出,接着进行下一轮的脉冲计数循环输出,即依次点亮 LED1、LED2、…

# 任务提出

从产品功能实现的角度,完成可调流水灯原理图的绘制,结合成品效果图 2 - 1,进行单面 PCB 设计,设计出符合实际工艺制作和电气性能的单面 PCB,如图 2 - 3 所示(参考图)。PCB 图与实物印制板是一一映射的。

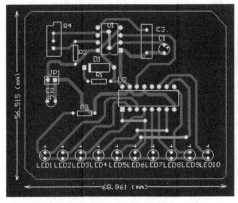

（a）灯成一行排列　　　　　　　　（b）圆形排列

图 2 - 3　流水灯 PCB 单面板

# 任务要求

1. 完成如图 2 - 2 所示原理图的绘制,元件编号唯一,标注大小清楚,网络关系正确无误。
2. 设计 LED 流水灯单面 PCB。
3. 元件封装按实物要求来配置。
4. LED 流水灯被均匀地排列成一个圆形或直线形,不断地循环发光,达到流动的效果。
5. PCB 单面手动布线,导线为 30 mil,地线为 40 mil,底层不能布通的在顶层跳线。
6. 元件布局合理、布线疏密均匀,板子规划合理,美观大方。

# 任务分析

依据如图 2 - 4 所示的工程方法,从 SCH 设计到 PCB 设计,应该清醒认识到 CAD 软件是电子设计的工具,对软件本身的熟练操作固然重要,而借助它进行的实际产品的设计更是根本目的。

原理图的设计流程分为器件选择,原理封装设计,电路原理设计,PCB 封装指定,原理图整理,原理图检查。电路 SCH 绘制,元件编号必须唯一,电气原理图的网络连接正确无误,包括实体导线和网络标号无误。

图 2-4  总体设计方法

PCB 设计的核心是元件封装和敷铜导线。PCB 设计的首要任务是元件封装形式的规划。元件封装形式不仅直接反映 PCB 设计的合理性,甚至根本性地决定 PCB 设计的成败。对于 PCB 设计的初学者,尤其对电子元件了解甚少的初学者,通常这是最难以把握和最容易出现问题的地方,也是无法回避的环节。因此对实际元件的认识显得特别重要。

目前,可以通过淘宝平台上的电子元器件商铺查看元件,或者通过百度等搜索引擎、网上维库电子市场、114IC 等查看元件,当然也可以直接查看元器件数据手册或元件的数据说明书(PDF),获得元件相关的参数信息,进而帮助选择合适的封装。

# 任务实施

## 任务 1  绘制 LED 流水灯电路原理图

### 1. 新建原理图文件

新建项目并新建原理图文件,并将其保存在专用文件夹下。参阅项目 1 任务 2。

### 2. 查看电路图中元件,加载元器件库

通过对电路图的总体了解,发现电路图中 555 元件和 CD4017 在当前所在的混合库列表中没有,必须加载其他元件库在当前库所在路径下。关于元件库的加载方法,参阅项目 1 的技能链接。

(1)CD4017 原理图元件在 NSC Logic Counter. IntLib 集成库中,NSC 是厂家名称 National Semiconductor 的缩写,Logic Counter 是逻辑计数器,系统安装目录 Library 文件夹下有 National Semiconductor 文件夹,其下有 NSC Logic Counter. IntLib,从该库中调用元件 CD4017。

(2)555 芯片原理图元件在 TI Analog Timer Circuit. IntLib 中,TI 是厂家名称 Texas Instruments 的缩写,TI Analog Timer Circuit. IntLib 模拟时间电路,从该库中调用 NE555。

(3)2P 接线端子 Header2,在 Miscellaneous Connectors. IntLib 杂项库中。

(4)电阻 Res、电容 Cap、二极管 Diode、发光二极管 LED 等均在集成 Miscellaneous Devices. IntLib 连接器库中。

### 3. 放置并编辑元器件

为了加快速度,元件放置与属性编辑同步进行。当元件黏附在鼠标上时,按 Tab 键,进行

属性编辑,包括对元件编号、大小、封装等进行编辑,然后单击放置。多个同类元件的放置,只要第 1 个元件编号如 U1,当继续放置元件,元件编号就会自动递增如 U2、U3。

对于每个元件封装的编辑,参考项目 2 任务 2 来确定。

### 4．绘制导线

对于导线的连接,一定要用 Wire,切勿使用 Line。在绘制导线的过程中,要非常注意导线的起点和终点。具体操作参阅项目 1 任务 3 原理图元件的连线。

### 5．放置网络标号、电源接地符号

1)放置网络标号

使用网络标号来简化电路图导线的实体连接,避免实体导线相互交叉,具有相同的网络标号表示连接在一起的导线。具体操作:

(1)绘制要添加网络标号的导线。

(2)选择原理图工具中的 工具,按下键盘上的 Tab 键,弹出网络标号属性对话框,在【Net】栏输入网络名字,网络标号一般由字母或数字组成,且避免使用空格,设置完成单击 OK,光标变为十字形,并且带出网络标号。

(3)将光标移动到要添加网络标号的导线上,此时导线上出现黑色小十字形电气节点,单击鼠标左键即可放置该网络标号。网络标号紧靠导线的上方(水平导线)或右方(垂直导线)。

2)放置电源、接地符号

放置电源、接地符号,具体操作方法同项目 1 任务 3。

### 6．工程编译检查

执行菜单命令【Project】→【Compile All Project】,若命令显示为灰色,则点击不起作用,表示没有保存,查看 SCH 文件必在 Free Document 中。务必保存好 SCH,再执行编译。

利用工程编译可以对 SCH 元件编号、导线连接、总线绘制等进行电气规则检查,对违反规则的元件和导线等对象生成相应的报告,提示用户进行相应的修改。修改完后,再次运行编译,直至错误排除。如果图纸中其他元件或导线被蒙住,点击状态栏中的【Clear】键清除蒙蔽。

### 7．产生元器件清单

元器件清单主要用于整理一个电路或一个项目中的所有元器件。执行【Reports/Bill of Materials】菜单命令,可以轻松地生成元件报表清单,通常包含元器件标号、元器件规格大小、元器件封装形式、元器件描述等内容。适当编辑再导出到 Excel 中,方便更好地采购、安装元件。

## 任务 2　认识元器件实物,元件封装按实物要求来配置

在 PCB 设计前,至关重要的一个环节是元件封装的选择,虽然绘制 SCH,一般都自带有封装,但仍然需要依据实际电路图元件选择封装,合理选取元器件的封装是成功制作电路板的前提条件。元件封装的作用是将元器件固定、安装于电路板上,通过管脚实现电路之间的连接。

下面以流水彩灯电路为载体,认识常见直插式实体元件,如电阻、普通电容、二极管、发光二极管、集成电路、接插件等,确定元件直插式封装形式。

## 1. 针脚式电阻元件及其封装

电阻是电路中使用最多的元件之一,编号以 R 开头。各种类型电阻实物如图 2-5 所示,小的 1/8 W 电阻,体积只有米粒大小,而某些大功率电阻,其体积大小超过 7 号电池,因此,应根据电阻实际体积和功率大小选择合适的封装。

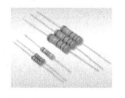   

(a) 金属氧化膜电阻　　(b) 碳膜电阻　　(c) 电阻卧式和立式安装　　(d) 水泥电阻

图 2-5　常见电阻实物

图 2-6 是电阻集成自带封装 AXIAL-0.4,前面字母部分表示封装的类别,AXIAL 表示轴向引线元器件焊盘,后面数字部分表示焊盘间距为 0.4 inch 即 400 mil。库中提供电阻封装为 AXIAL-0.3~AXIAL-1.0,这里由于电源功率不大,R1 采用 1/4W,选用 AXIAL-0.3,0.3 inch 是该电阻在印刷电路板上焊盘间的距离。

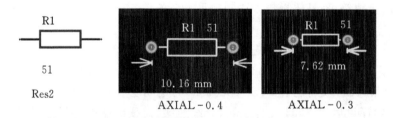

R1

51

Res2

10.16 mm　　　　7.62 mm

AXIAL-0.4　　　　AXIAL-0.3

图 2-6　电路原理图元件符号 Res2,及对应的封装

**提醒:**尺寸大小单位为 mil 和 mm 两种,在输入法英文状态下,按键盘上的 Q 键,可实现中英文转换。 1 mil=0.0254 mm。

## 2. 常见电位器及其封装

电位器实际就是可调电阻,用于电路中某种参数的调节,视被调节对象的属性、性能要求、成本、操作方式以及安装方式等不同因素,电位器体积、外形上差别很大,如图 2-7 所示。

图 2-7　几种可见电位器实物

原理图库中元件名称为"Rpot,Rpot1",库中自带封装为 VR 系列,从 VR2～VR5,如图 2－8 所示。这里的数字只是表示外形的不同,没有实际尺寸的含义。

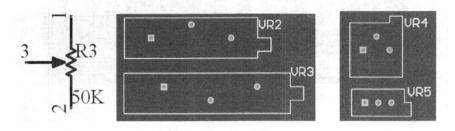

图 2-8　电路原理图元件符号 Rpot1 和电位器元件封装形式

根据自己选用的电位器实物,选定合适的封装形式。对于这种硬引线的元器件,焊盘间的距离必须与实物管脚之间完全一致。封装的图形轮廓只要保证实际元件外形足够,不必特别精确。

### 3．二极管及其封装

二极管编号一般以 D 开头,功率不同,体积和外形也有不同,如图 2－9 所示。

图 2-9　常见直插的二极管实物

图 2－10 是二极管元件 Diode 1N4003 及自带的封装 DIO10.46－5.3×2.8,如图 2－11 所示,这里单位都是 mm,最前面数字表示焊盘间距,如 10.46 mm,后面两个数字分别表示元件外形卧式俯视下的外壳的长和宽。库中提供 DIODE－0.4(小功率),DIODE－0.7(大功率)封装供选择,这里单位是 inch,0.4 表示焊盘间距为 0.4 inch。

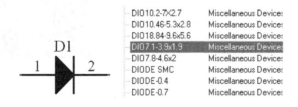

图 2-10　电路原理图元件符号 Diode 1N4003

二极管为有极性元件,从图 2－11 看出,封装外形画有短线的一端代表负端,这和实物元件外壳上表示负端的白色或银色色环相对应。此电路中选用为 DIO7.1－3.9×1.9 封装。

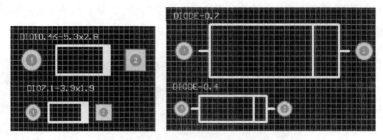

图 2-11　自带直插封装及一些封装形式

## 4. 电容及其封装

电容元件是电子线路中最为常用的一种元件,主要参数为容量和耐压。元件编号以 C 开头。对于同类电容,电容体积随二者的增加而增大。电容的外观有圆柱形、扁平型、泪滴型等,有表面贴装、插脚焊接、导线驳接等多种封装形式,如图 2-12 所示。

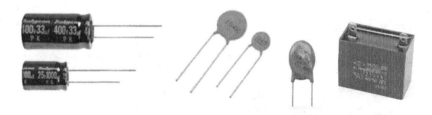

图 2-12　几种常见插脚式电容元件的外观

### 1)电解电容

Altium Designer 6.9 中对于圆柱形外观的电容,库中对应封装形式比较丰富,封装名称和常用的封装形式如图 2-13 所示。字母和数字部分的含义,以 CAPPR2-5×6.8 为例,CAPPR 表示有极性电容,焊盘间距为 2 mm,圆柱形半径为 5 mm,高度为 6.8 mm。如 RB7.6-15,表示了极性元件的焊盘间距为 7.6 mm 和圆柱的底面半径为 15 mm。

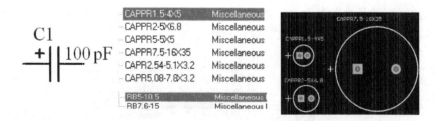

图 2-13　电解电容元件符号,库中直插封装名及一些封装形式

本电路中电解电容根据耐压和容量要求封装选为 CAPPR2-5×6.8,从图 2-13 看出,电解电容封装表示电容正极的“+”号位于圆圈之外,这在元件中较多,PCB 面积受限的电路中,使得其他元件不能挨近该“+”号,不利于元件的布局。“+”如何移到圆圈之中的操纵方法,看专题 I 元件封装的修订。

2)瓷片电容

扁平外观的电容,库中对应封装有 CAPR2.54 − 5.1×3.2,CAPR5.08 − 7.8×3.2,前面的数字表示焊盘间距,后面的数字是图形轮廓的长和宽,单位是 mm。还有封装 RAD＋引脚间距,RAD − 0.1,RAD − 0.4,后面的数字单位为 inch,如 0.1 inch 表示的是引脚间距为 100 mil,即 2.54 mm,如图 2 − 14 所示。

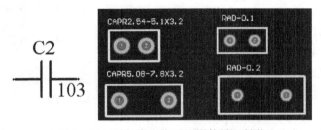

图 2 − 14　无极性电容原理图符号和封装

本电路图中瓷片电容,选用封装 CAPR2.54 − 5.1×3.2 或 RAD − 0.1。

## 5. 发光二极管及其封装

发光二极管从属于二极管,主要用于状态指示。相对于插脚式封装而言,灯冒直径大小是一种主要的分类标准,如 ⌀3、⌀5、⌀12 等,如图 2 − 15 所示。

图 2 − 15　常见发光二极管实物

直插式发光二极管库中推荐的封装形式,如图 2 − 16 所示,元件卧式安装的封装,一般用的不多。选用灯冒发光二极管(⌀3)实物,实物为有极性元件,直立安装。确定发光二极管封装参数如下。

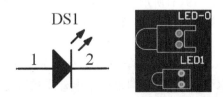

图 2 − 16　元件符号 LED − 0 与自带的封装形式

(1)焊盘间距:由实物引脚间距离约为 100 mil,确定焊盘间距为 100 mil。

（2）焊盘孔径和直径：由引脚粗细，确定焊盘孔径大约为 30 mil。焊盘 X 方向的直径为 55 mil，Y 方向的直径为 65 mil。

（3）封装轮廓：管帽是直径为 3 mm 的圆，考虑留有余地，可以绘制一个直径是 4 mm 的圆，工作层 Top OverLay 绘制。

（4）与电路图元件符号引脚之间的对应：焊盘号分别为 1、2，其中正极对应 1♯焊盘。

由以上参数信息确定的封装，如图 2-17 所示。

当然，此处发光二极管可选用电解电容的封装，CAPPR2-5×6.8。不同的元件可以有相同的封装形式，相同的封装形式仅仅代表了封装图形外观相同，但绝不意味着实体元件可以简单互换。

图 2-17　3 mm 圆头封装

### 6. 连接器及其封装

连接器广泛应用于电子、电器、仪表中，在电路内被阻断处或孤立不通的电路之间，起到桥梁的功能，担负起电流或信号传输的任务。根据使用电压、电流、安装空间来选择接线端子。根据连接器和工艺用法，则有贴片 SMT（卧贴/立贴），插件 DIP（直插/弯插）封装。

拔插式接线端子，如图 2-18(a)所示，由两部分插拔连接而成，一部分将线压紧即引线；另一部分引脚端子焊接到 PCB 板上。图 2-18(b)和(c)是排母与排针的外观，排母与排针配套使用，构成板对板连接；或与电子线束端子配套使用，构成板对线连接；亦可独立用于板与板连接。不同产品所需要的规格并不相同，因此排针也有多种型号规格。排数有单排针、双排针、三排针等。

（a）5.08 mm 拔插式接线端子　（b）2.54 mm 排母直插　　　（c）排针

图 2-18　接线端子

二端口原理图符号如图 2-19(a)所示，其自带封装如图 2-19(b)所示，分别为 HDR1×2，HDR1×2H。其中数字 1 表示单排，2 表示 2 个端口，最后字母"H"表示公排针。Header 2×2、Header 2×2 表示双排二端口连接器。

本流水彩灯电源接线柱采用拔插式二端子(2P)，外观如图 2-18(a)所示。可以根据实物元件，采用游标卡尺测量获取引脚间距、引脚粗细图形外观的尺寸。当然，也可以从厂家或搜索获得元器件说明书，从而获得封装参数信息。

二端口连接器系统库中提供的封装，焊盘间距 2.54 mm，而实体元件间距是 5.08 mm，因此必须修改。按照实物要求修订封装，如图 2-19(c)所示。

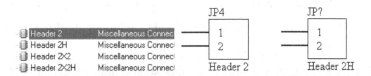

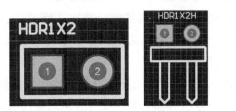 

（a）连接器库中二端口名字及相应的原理图图形符号

（b）2P 接线端子自带封装　　　　（c）修订 5.08 mm 间距的封装

图 2-19　二端口

### 7. 集成块 CD4017 及封装

图 2-20 是直插 CD4017 十进制计数器芯片、封装与原理图元件符号之间的关系。

（1）封装是实际元件的映射，焊盘编号的排序必须与实际元件管脚功能排序完全一致。图 2-20（b）是图 2-20（a）的映射图。

（2）电气符号引脚分布相对比较灵活，图 2-20（c）引脚编号是在引脚线上，按照管脚的电气连接关系正确连接绘制原理图。

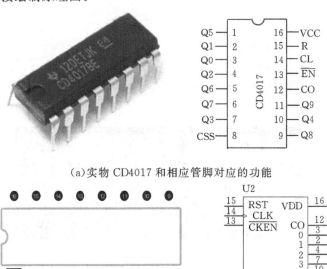

（a）实物 CD4017 和相应管脚对应的功能

（b）封装　　　　（c）电气符号

图 2-20　元件实物与封装、电气图符号的对应关系

元件 CD4017BE 集成库自带封装 N16E，封装形式外观与集成 Miscellaneous Devices. IntLib 中提供的双列直插封装 DIP - 16 完全相同，仅仅封装名称不同而已。直插集成块标准件封装命名"DIP -引脚数量＋尾缀"，DIP（dual in-line package）双列直插封装，尾缀 N、W 用来表示器件的体宽，N 表示体宽 300 mil，W 表示体宽 600 mil。比如：DIP - 16N 表示的是两排间距为 300 mil，焊盘间距为 100 mil，每排 8 个引脚，共 16 脚直插封装。

至此，对本项目中的实物元件，对应的封装、原理图元件符号就有了清楚的把握。平时多逛电子市场，或逛淘宝元器件经营商家，认识相关元器件，通过搜索引擎等获取元件 PDF 说明书，捕捉元件关键参数信息，从而有助于电路设计。

**温馨提示**：牢记元件封装的四要素：①焊盘间距；②焊盘孔径；③元件封装的焊盘序号和实际元件的管脚排序呈一一对应关系，与电气符号引脚编号的一致性；④封装图形轮廓尺寸，只需保证实际元件能够安装。

## 任务 3　原理图元件封装的查看与更改

元件封装的查看，以原理图元件 555 为例，方法如下：

（1）双击原理图中的 555 元件，进入属性编辑框。

（2）在右下角的【Model】栏中双击【Footprint】，弹出新的 PCB 框，如图 2 - 21 所示。

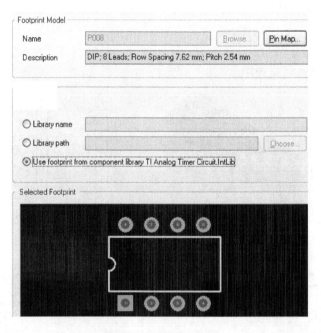

图 2 - 21　封装的查看

在图 2 - 21 中的【Selected Footprint】栏，显示了 8 个引脚的双列直插封装的外观，表示封装已加载，检查封装是否满足实际元件的要求。

图 2 - 22 在【Selected Footprint】栏没有显示封装外观，说明该元件封装没有被加载，必须加载元件所在库。但有时出现已加载库，可封装外观还是不显示，可能此封装已被损坏。

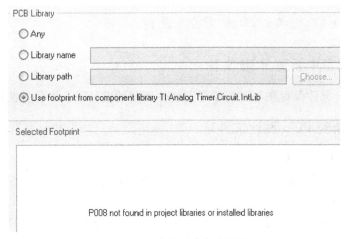

图 2-22　库中没有指定封装

想看到实际元件封装外观,操作如下:

①在【PCB Library】栏中,选中按钮【Any】,系统自动在项目所在库路径下查找【Name】栏中的封装名,若有,会在【Selected Footprint】栏显示。

②若在【Selected Footprint】栏没有显示,可在首栏的【Name】中输入 DIP - 8,封装外观显示在图 2 - 22 空白处,表示混合库中的 DIP - 8 封装已被加载。

如果封装还是不符合要求,或者封装名字记不清了,继续以下操作。

(3)点击【Name】框右边的【Browse】按钮,弹出框如图 2 - 23 所示,逐个浏览元件封装,选中所要加载的封装,如 DIP - 8,点击【OK】。

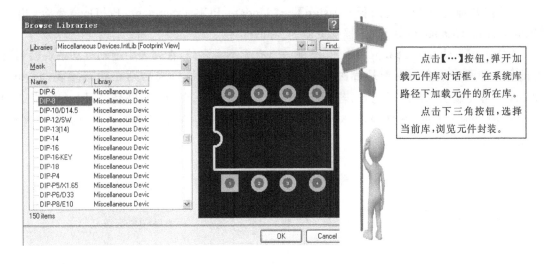

图 2-23　封装的查看与选择

(4)将合适的封装加入到原理图元件属性中。

(5)完成元件封装的更改。

封装是实际元件的映射图,必须了解实际元件和装配,才能选择合适的封装。封装的关键参数信息有焊盘间距、焊盘内外径、焊盘编号、图形轮廓尺寸。

## 任务 4　LED 流水灯单面 PCB 设计

### 1. 在工程项目中新建 PCB 文件

将新建的 PCB 文件保存在与对应原理图文件相同的路径下。操作方法同项目 1 任务 1。

### 2. SCH 更新到 PCB 设计文件

1）原理图转入 PCB 的典型问题

将原理图元件的属性如编号、注释、封装，与元件引脚之间的连接关系全更新到 PCB 文件中。常出现的错误有：

（1）执行菜单命令【Design】→【Update PCB Document 无线话筒.PcbDoc】，【Update PCB Document.PcbDoc】灰色无法点进，检查项目面板中 SCHDOC 和 PCBDOC 文件是否在【Free Document】中，若没有，必须放在项目中，并保存在相同路径下。

（2）执行菜单命令【Design】→【Update PCB Document 无线话筒.PcbDoc】，却出现对话框 "Locate Document not Found" 找不到文件，表示 SCHDOC 和 PCBDOC 文件未保存在同一路径下，务必将其保存在同一路径下。

（3）电路元件封装方面，元件封装找不到。因此需要检查元件集成库或封装库，是否已加载到当前库元件列表中。

（4）网络连线方面，网络关系不能匹配。检查电路元件编号是否有重复，电气连接关系是否有错误，电源与接地网络名称是否正确。

2）SCH 转到 PCB 的具体操作

（1）打开原理图文件，选择【Design】→【Update PCB Document.PcbDoc】命令，出现【Engineering Change Order】（工程变更命令）对话框。

（2）单击【Validate Changes】按钮，验证一下有无不妥之处，在列表中拖动滚动条观察到所有的元件和网络信息。由于是首次导入原理图信息，如果执行成功则在状态列表（Status）Check 中将会显示绿色的标记 ；若执行过程中出现问题将会显示 × 符号。图 2-24 中 Add Component（加入元件）有错，Add Net（加入网络）全部正确。关闭对话框。返回原理图修改，清除所有错误。

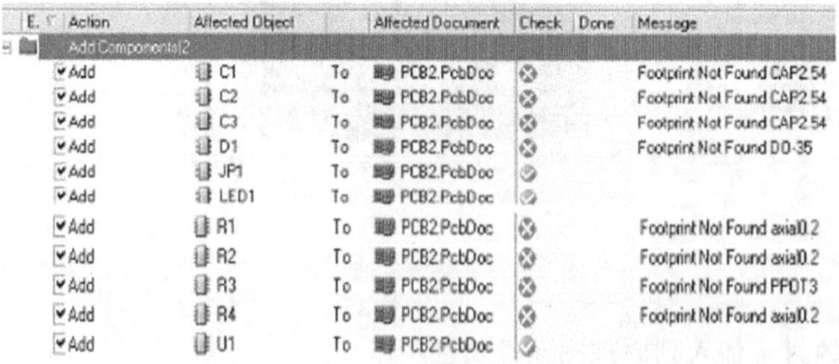

| E. | Action | | Affected Object | | Affected Document | Check | Done | Message |
|---|---|---|---|---|---|---|---|---|
| ⊟ 📁 | Add Component[12] | | | | | | | |
| ☑ | Add | | ⬚ C1 | To | 📳 PCB2.PcbDoc | ⊗ | | Footprint Not Found CAP2.54 |
| ☑ | Add | | ⬚ C2 | To | 📳 PCB2.PcbDoc | ⊗ | | Footprint Not Found CAP2.54 |
| ☑ | Add | | ⬚ C3 | To | 📳 PCB2.PcbDoc | ⊗ | | Footprint Not Found CAP2.54 |
| ☑ | Add | | ⬚ D1 | To | 📳 PCB2.PcbDoc | ⊗ | | Footprint Not Found DO-35 |
| ☑ | Add | | ⬚ JP1 | To | 📳 PCB2.PcbDoc | ◎ | | |
| ☑ | Add | | ⬚ LED1 | To | 📳 PCB2.PcbDoc | ◎ | | |
| ☑ | Add | | ⬚ R1 | To | 📳 PCB2.PcbDoc | ⊗ | | Footprint Not Found axial0.2 |
| ☑ | Add | | ⬚ R2 | To | 📳 PCB2.PcbDoc | ⊗ | | Footprint Not Found axial0.2 |
| ☑ | Add | | ⬚ R3 | To | 📳 PCB2.PcbDoc | ⊗ | | Footprint Not Found PPOT3 |
| ☑ | Add | | ⬚ R4 | To | 📳 PCB2.PcbDoc | ⊗ | | Footprint Not Found axial0.2 |
| ☑ | Add | | ⬚ U1 | To | 📳 PCB2.PcbDoc | ◎ | | |

图 2-24　SCH 装入到 PCB 元件封装出现的错误

更改元件封装操作方法参阅上述任务 3。电阻的封装名称不对,库中只有 AXIAL - 0.3 至 1.0,无 AXIAL - 0.2 的封装,所以封装找不到。电容的封装名称 CAP2.54 在库中找不到。加载系统库下 PCB 专用文件夹下的 Capacitor-Electrolytic.PcbLib 到当前库元件列表下,如图 2 - 25 所示,选择 CAPPR2 - 5×6.8 封装,返回到原理图。

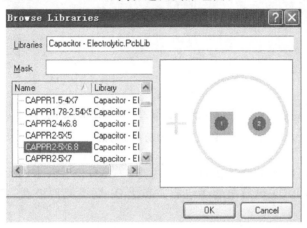

图 2 - 25　封装的更改

错误修改完毕,重新将 SCH 装入到 PCB,执行(1)、(2)步骤即可。

(3)如果单击【Validate Changes】按钮,没有错误,则单击【Execute Changes】按钮,将信息发送到 PCB 中。当完成后,【Done】那一列将被标记。

(4)单击【Close】按钮,目标 PCB 文件打开,SCH 转换到 PCB 设计,所有的元件封装都处于电路板的边界之外。如果设计者在当前视图中不能看见元件,使用热键 V、D(菜单【View】→【Fit Document】)查看 PCB。

### 3. 元器件布局

SCH 内容转移到 PCB 文件之后,接下来的工作是对装入的元件进行布局。有自动布局和手动布局,自动布局就是利用系统提供的自动布局功能将元器件封装散开,通常结果不能直接使用,必须进行手工调整。

1)元器件自动布局

执行菜单命令【Tools】→【Component Placement】→【Auto Placer】,系统弹出【Auto Place】自动布局对话框,按图 2 - 26 进行设置,其中:

【Cluster Placer】:群集式布局方式,适用于元器件数量少于 100 的情况。

【Quick Component Placement】:快速布局,但不能得到最佳布局效果。

单击【Ok】,系统进行自动布局,自动布局结果通常不令人满意。通常越是复杂的 PCB,自动布局越不可取,然而对不太复杂的 PCB,元件布局完全可以手工而不是自动完成,即利用移动、旋转元件,按照用户的设计意愿,合理地布局在 PCB 上,这即是下面要叙述的手动布局。

2)手工调整布局

手工布局,既要保证电路功能和性能指标的实现,又要符合生产加工和装配工艺的要求,元件的排列方位尽可能保持与原理图一致,布线方向最好与电路图走线方向一致,因生产过程中通常需要在焊接面进行各种参数的检测,以便于实物电路的检查,调试及检修。

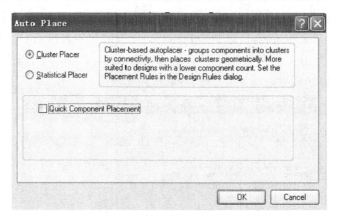

图 2-26　自动布局对话框

参照 SCH 信号流向布局 PCB 元件,还应考虑:一是有位置要求的元器件,如接插件,可调电阻,便于装配;二是 LED、电解电容等也有正负之分,同类元件极性一致摆放,以便 PCB 元件装接。

手动布局元件的具体操作:

(1)鼠标放在红色 Room(元件盒)上,单击出现十字形光标,按住左键拖动到合适位置,然后删除 Room,整体移动元件到 PCB 中。

(2)移动或旋转元件、元器件编号和型号参数等实体。

鼠标移向元器件实体,按下左键直接拖动即可。用鼠标左键激活元器件,按键盘上的 Space 键,可调整实体元器件的方向,移动过程中,元件上的飞线跟随一起移动。

注意:对于 PCB 元件慎用 X、Y 键。PCB 中对象的编辑操作类似原理图。

3)元件对齐

以十盏灯排成一行时,元器件疏密均匀,执行对齐操作。

(1)调用元件对齐工具箱放置在工具栏中,如图 2-27(a)所示。执行【View】→【Toolbars】→【Utilities】,弹出【Utilities】工具箱,将其拖拽到主工具栏中。

(2)按下 Shift 键,分别单击或框选中十盏发光二极管,使之变为选中状态。

(3)单击工具栏中的 下对齐按钮,然后点击 均匀分布按钮。

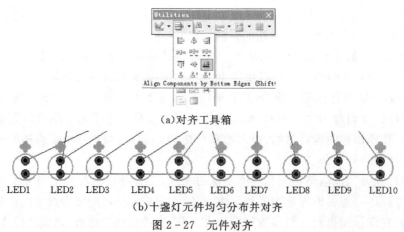

(a)对齐工具箱

(b)十盏灯元件均匀分布并对齐

图 2-27　元件对齐

调整后的十盏灯,如图 2-27(b)所示。根据用户需要和电路功能的实现,PCB 元件手动调整后如图 2-28 所示。

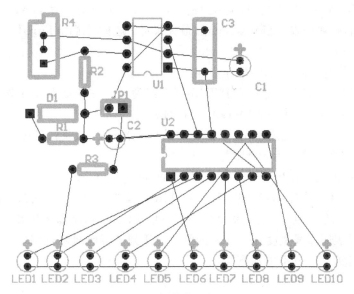

(a)灯排成一行

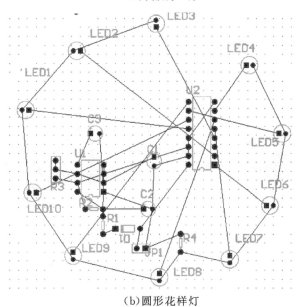

(b)圆形花样灯

图 2-28　手动调整后的 PCB

需要说明的是元件布局往往随着布线的深入会作适当调整。

### 4. PCB 导线宽度规则和优先权设置

PCB 信号线宽为 30 mil;电源网络的线宽为 40 mil;接地线 GND 网络的线宽为 50 mil。布线优先级别为地线>电源线>信号线。

1）设置布线规则

执行菜单命令【Design】→【Rules】，单击左侧的【Routing-Width】中的【Width】（布线宽度类），显示布线宽度约束特性和范围，应用到整个电路板。布线宽度为 30 mil，在修改【Minimum】（最小尺寸）之前，一般先设置【Maximum】（最大尺寸）宽度栏，【Preferred Width】（线宽）设置为 30 mil。

设置接地导线宽度为 50 mil，操作步骤如下：

（1）添加新规则。右击面板中的【Width】（布线宽度），在快捷菜单中选择【New Rule】命令，在【Width】中添加了一个名为"Width_1"的规则。

（2）设置布线宽度。单击【Width_1】，在对话框顶部的【Name】（名称）栏里输入网络名称"GND"，在底部将宽度修改为 50 mil。

（3）设置约束范围。在图 2－29 中，选中【Where the First object matches】选项组中的【Net】单选按钮，在【Full Query】选项组中出现【InNet】（"GND"）。单击【All】单选按钮旁的下三角按钮，从显示的有效网络列表中选择 GND，【Full Query】选项组中更新为【InNet】（"GND"）。此时表明布线宽度为 50 mil 的约束应用到了接地网络 GND。

设置电源宽度为 40 mil，方法同上。

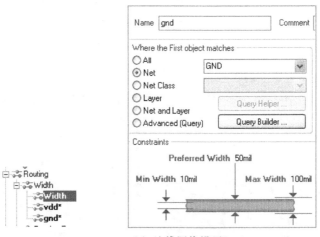

（a）地线网络设置

（b）布线优先级别设置

图 2－29　全部线宽设置与优先级别设置

2）设置优先权

通过以上规则设置，在对整个电路板进行布线时就有名称分别为 VDD、GND、Width 的三个约束规则。因此，必须设置优先权，决定布线时约束规则使用的顺序。单击图布线规则左下角的【Priorities】（优先权）按钮，弹出【Edit Rule Priorities】（编辑规则优先权）对话框。该框中显示了【Rule Type】(规则类型)、规则优先权、范围和属性等,优先权的设置通过【Increase Priority】(提高优先权)按钮和【Decrease Priority】(降低优先权)按钮实现。

至此,新的布线宽度设计规则设置结束,单击【Close】按钮关闭对话框或选择其他规则时,新的规则予以保存。

### 5. PCB 手工布线

(1)检查布线的层标签。检查文档工作区的底部层标签,确认当前层为 Bottom Layer。

(2)按快捷键 P/T 启动导线放置命令,光标变成十字形状,表示处于导线放置模式,将十字光标放在 JP1 连接器的焊盘上,呈现八角形再单击确定导线的起点,移动光标出现两段,一段是从起点开始的蓝色实线,单击即固定了导线,表示已放在 PCB 上了;一段是空心线,称为 look-ahead(先行线)导线,移动光标可改变方向,位置灵活,移到 D1 的 1♯ 焊盘上,出现八角形单击,完成了本次元件敷铜导线的连接,如图 2-30 所示。布线过程中,飞线在光标上,随元件移动。

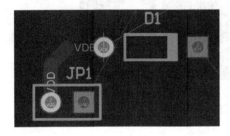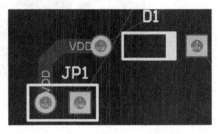

图 2-30　PCB 的手动布线

(3)修改导线。一段导线需要重新布线,只布新的导线即可,原来绘制的导线会自行被移除,如果没有被移除,可以采取单击选中导线,然后按 Delete 键删除即可。

按键盘上的 End 键刷新板面。走线的颜色即为板层的颜色。

在排版中,首先要绘制单线不交叉图,有的交叉可通过重新排列元器件位置与方向来解决。同层面中对于可能交叉的线条,可以用"钻""绕"两种办法解决。导线从别的电阻、电容、二极管脚下的空隙处"钻"过去,或从可能交叉的某条引线的一端"绕"过去。对于电路集成块较多,板层面积有限的情况下,为简化设计允许用导线跨接,解决交叉。

### 6. "跳线"处理

同层面有时导线不交叉很困难,这时采用"跳线"来解决,"跳线"即在印制电路板导线的交叉处切断,从板的元件面用一根短接线连接。例如图 2-31 中,将 U1 的焊盘编号 6 和 2 相连(网络名称 NetC1_1),同层面被连接焊盘编号 4 和 8 的导线(网络名称 NetC2_2)阻挡,同层面导线不能交叉。采用跨线处理,具体操作有两种方法。

第一种方法:

(1)在 U1 的焊盘编号 6 和 2 旁边,分别放置两个焊盘,如图 2-31 所示。

分别双击焊盘,属性编辑框中点击 Net 旁的下三角按钮,从显示的有效网络列表中选择 NetC1_1。

(2)调整焊盘位置,因为希望 PCB 布线美观大方,"跳线"短而精美,所以只在被挡地方跨接线。

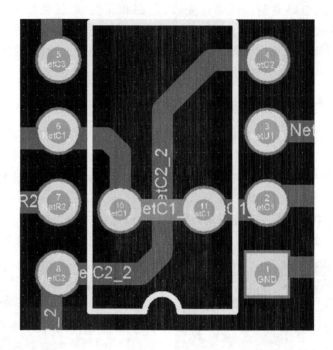

图 2 - 31　放置焊盘与跨线

**提醒**：注意焊盘与不同网络导线的安全间距，否则容易短路。

（3）绘制导线，选择底部标签【Bottom Layer】，绘制底层蓝色铜膜导线；选择顶部标签【Top Layer】，绘制红色铜膜导线，表示跨接导线即"跳线"，如图 2 - 31 所示。

第二种方法：

（1）对 U1 的焊盘编号 6 和 2（NetC1_1）分别底层连线，快到被阻挡之处终止连线。

（2）按键盘上 P 键两次光标上黏附着焊盘，并将焊盘中心放在刚绘制的导线（NetC1_1）上，焊盘属性自动变为 NetC1_1，按此方法放置另一个焊盘。

（3）在顶层绘制导线，表示单面 PCB 中跨接的"跳线"。

**说明**：此处"跳线"压在实体集成块元件的下面，因此先在 PCB 焊接面安装固定，然后安装集成块的插槽。另外在单面板设计中，"跳线"过多，会影响元件的安装效率，不能算是成功之作。

### 7. 查看 PCB 元件和网络关系

为快速查看定位 PCB 图元件与元件连接关系，执行如下操作：

（1）点击项目面板底部的【PCB】标签，进入当前打开的 PCB 编辑界面，如图 2 - 32 所示。

（2）点击下三角按钮，选择【Component】，列表中显示所有元件。

（3）单击任一 PCB 元件，图纸中就会高亮显示，其余被蒙住。

（4）按状态栏右下角的 Clear 键清除蒙蔽的元件。

如果需要查看接地连接关系，选择下拉列表中的【Nets】，在【Name】中点击【Gnd】，PCB 图中与 Gnd 相连的网络均会高亮显示。

图 2 - 32 PCB 查看元件与网络

## 8. 由 PCB 设计结果来规划 PCB 边界

PCB 设计中常根据排版布线的结果,来规划物理边界和电气边界,由于 PCB 没有特殊的形状、尺寸及固定方式,因此可以相对自由地自行规划。

电气边界绘制方法,同项目 1 中的任务 4。这里粗略提示如下:

离 PCB 元件外围 1～2 mm 处,在【Keep Out Layer】(禁止布线层),执行【Place】→【Line】,绘制方形电气边界,如图 2 - 33(a)所示。执行【Place】→【Circle】放置圆形电气边界,如图 2 - 33(b)所示。

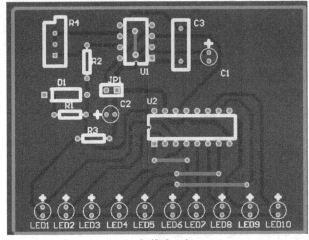

(a)灯排成一行

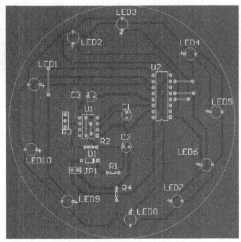

(b)灯排成圆形

图 2 - 33 流水灯单面 PCB 设计

紧邻电气边界外侧,绘制机械层的边界,选择 PCB 编辑器底部的标签【Mechanical 1】,然后执行【Place】→【Line】,绘制物理边界。

## 任务 5　单面 PCB 的检查

PCB 图设计完成,在 PCB 加工制作前,需要进一步检查以下内容:

(1)检查元件封装是否合适,与实际元件与装配工艺是否相符。

(2)检查导线之间的间距、线与元件焊盘及线与贯通孔的间距是否合理。

(3)焊盘(连接盘)尺寸是否合理,考虑实验工艺是否需要"扩盘"处理。

(4)元件安装位置是否适合实际电路装接,尤其注意连接器,电位器等。

一旦发现原理图连接有错误,或者元件封装有错误等,必须修改。常用方法有:

在 SCH 编辑中更改,然后更新到 PCB 中,删除 PCB 图的 Room 框,在 PCB 中局部调整修改即可。如果在 PCB 中直接修改不妥之处,也要同步更新到 SCH 中,使得 SCH 和 PCB 保持同步,方便日后实际产品的检修。

**温馨提示:**

(1)PCB 设计过程中,切勿一发现有错,就直接删除设计的 PCB 图而重做。

(2)通常的方法为修改 SCH,然后将 SCH 同步更新到 PCB 中,删除 PCB 中的 Room 框,局部调整 PCB 即可。

(3)PCB 布线工作需要耐心,不可能一步到位,应不断寻找相对最优的布线。

# 实践训练　3 组 9 只 LED 循环灯 PCB 的制作

设计如图 2-34 所示的循环灯 LED 单面 PCB,单面板大小为 5 mm×5 mm。3 组 3 只 LED 循环灯不断循环发光,达到流动的效果。参考成品效果图 2-34。

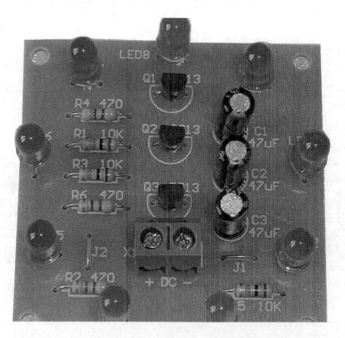

图 2-34　3 组 9 只 LED 循环灯

操作提示：

(1)原理图绘制如图 2-35 所示,放置电源接口,网络标号一定放在导线上,导线上呈"米"字形再放置。

(2)合理选取元器件封装。

①注意电解电容、二极管的极性与实物元件的关系。

②三极管元件封装的选取,注意实物元件管脚排序、封装焊盘编号及原理图元件编号的一致性。

(3)PCB 手动布局与手动连线。LED 被均匀地排列成一个圆形;PCB 布线,电源线为 40 mil,接地线为 50 mil,一般导线为 30 mil。在元件面允许跨线 2～3 条。

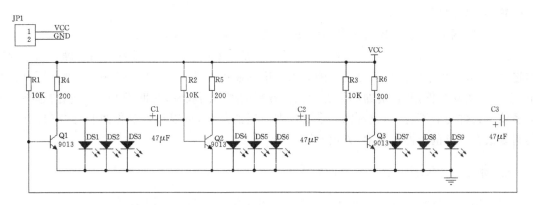

图 2-35   3 组 9 只 LED 循环灯电路图

# 专题 Ⅰ ——PCB 元件封装的制作

## 任务 1   元件封装参数确定的原则

(1)焊盘间距与引脚间距是否相符,尤其对于硬引线的元器件,如电位器、蜂鸣器等,引脚间距必须与焊盘间距完全一致。

焊盘间距:即两个焊盘之间的中心距,由引脚间距确定。

焊盘内外径:由游标卡尺测得,如图 2-36 所示。

焊盘内径:对于插入式焊接,引脚粗细为 +0.1～0.2 mm 左右。孔径不能太大,否则不好焊锡;也不能太小,否则插不进。

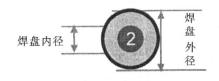

图 2-36   直插式焊盘

焊盘外径:一般焊盘内径为 +1.0～1.3 mm 左右;焊盘外径反映了引脚焊接对应的敷铜环的大小。焊盘环宽太大,用锡量增多,生产时增加成本,并且会影响 PCB 的布线密度;环宽太小,焊接容易粘断或剥落。

(2)元件外形轮廓体积是否适合实际元件安装。轮廓尺寸太大占据 PCB 面积,太小元件装配不上。

（3）封装焊盘序号能否反映实际元件的管脚排序情况，封装是实物元件的映射。

（4）需要考虑封装的焊盘编号与原理图元件引脚编号的电气对应关系。

## 任务 2　调用 PCB 的元件库

对于 PCB 封装形式的管理，采用库的方式，PCB 库有集成库（. IntLib）和分立库（. PcbLib）。

（1）采用集成库管理的方式（DXP 以上版本），集成库（. IntLib）是原理图元件和 PCB 封装集成一体的。通常在原理图元件放置时，库元件面板可以查看到，多数原理图元件都在库中自带封装。

（2）系统库路径下有 PCB 库文件夹，装有很多分立元件库 .PcbLib，如电解电容、二极管、三极管、单排插槽等。

（3）可以网上下载 PCB 元件库，放到软件系统库路径下，再调用元件封装。

封装形式正确选择并不意味着只有一种选择是正确的。对于封装形式的正确性和合理性的选择，很大程度依赖设计者对元件的熟悉程度和使用经验。多与电子市场、元器件厂家打交道，多接触实际元件，并且借助网络进行元件资料的搜索与收集，有助于 PCB 封装的选择。如果系统库元件封装不合适，或者网上也没找到合适的封装，可以动手制作封装，并将自己常用的封装放在自己的个性化库中，方便调用。

## 任务 3　PCB 元件库的生成

将常用的元件封装都存放在同一个封装库中，形成自己的个性化元件封装库。

### 1. 直接新建 PCB 元件库

执行菜单命令【File】→【New】→【PCB Library】新建 PCB 元件库，默认名为 PcbLib1. PcbLib，并自动打开 PCB 元件编辑器。保存及重新命名为"ZZKU. PcbLib"，并知道自己存放的位置。

### 2. 从 PCB 设计中生成对应的 PCB 元件库

任务要求：对项目 2 设计的可调速流水灯，生成 PCB 元件库。

操作步骤如下：

（1）打开项目 2 的 PCB 文件，执行单击【Desingn】→【Make PCB Library】。

（2）面板中自动生成 PCB 元件库，默认名为"PCB 文件名"加上扩展名 .PcbLib，鼠标指向"流水彩灯. PcbLib"库元件名，按住鼠标左键直接拖到流水灯项目中，如图 2-37 所示。自动加载到项目所在的 PCB 文件库元件列表下。另外，务必保存封装库，并知道保存路径。

（3）在控制面板下点击标签【PCB Library】并自动打开 PCB 元件编辑器，库中包含了该 PCB 中包含的所有元件，如图 2-38 所示。

图 2-37　生成 PCB 元件库

　　(4)在库元件的列表框中,显示了该库中的所有元件,单击各元件名如 DO-35,在元件编辑区可以浏览所有元件,如图 2-39 所示。

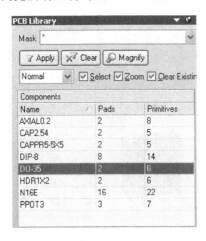

图 2-38　PCB 元件库列表　　　　　　　　图 2-39　元件显示

## 任务 4　PCB 元件的编辑

　　在生成的 PCB 元件库里,新建或修订 PCB 元件(封装)。PCB 元件由元件体和元件引脚组成。

　　(1)元件体主要反映元件外形轮廓,用几何绘图工具在顶层丝印层(Top Overlay)绘制。

　　(2)元件引脚根据元件装配不同而异。对于表面贴装元件(又称贴片元件或表贴元件),引脚在顶层(Top Layer)绘制;对于插脚式元件,引脚应在复合层(Multi Layer)绘制。引脚用于焊接元件,因此对于封装形式而言,引脚更常用的称呼是焊盘(Pad)。

### 1. 修订电解电容封装 CAPPR2-5×6.8

　　在 PCB 库中,如"流水彩灯.PcbLib"库中,双击 CAPPR2-5X6.8,在编辑器界面直接将图形圆圈外的"＋"号移到圆圈内相应的 1 正极引脚旁边,如图 2-40 所示,保存它,以方便电路板中其他元件的布局。

图 2-40　修改 CAPPR2-5×6.8

### 2. 制作微调电位器的封装

　　根据实体元件的情况,修改元件封装。

旋转式电位器,如图 2-41 所示。而 PCB 设计时却采用了如图 2-42 所示的元件封装,必须要修改封装。

图 2-41　WS06 蓝白微调电位器　　　　　　　图 2-42　可调电位器

在着手设计图 2-41 的封装之前,需弄清元件的必要参数,可以用游标卡尺测量获得,也可以向元件厂家索取元件的 PDF,获取参数如图 2-43 所示。

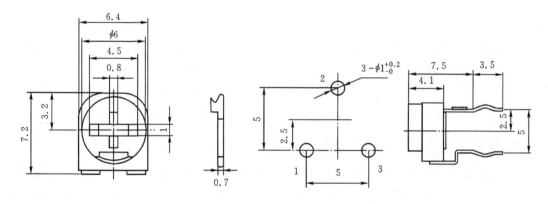

图 2-43　WS06 蓝白微调电位器尺寸数据

在任务 2 的 PCB 元件库中的"流水彩灯.PcbLib"库中新增元件。制作元件封装操作步骤如下:

(1)执行菜单命令【Tools】→【New Blank Component】,此时库元件列表框中会显示【PCBCOMPONENT_1】(空白元件),作为当前编辑元件。

①观察状态栏最左侧,显示 mil,在英文输入状态下按键盘上的 Q 键,可实现在英制与公制之间的切换。

②确定焊盘内外径,焊盘的间距需要严格定位,否则可能导致实际元件无法安装。

(2)放置焊盘,精确定位焊盘间距。

①为了焊盘放置的精准,重新设定系统的 Snap Grid 值为 0.15 mm。

②执行【Place】→【Pad】,焊盘黏附在光标上,并按 Tab 键,在焊盘属性菜单框中,如图 2-

44(a)所示,在【Designator】栏中输入编号 1,并设置焊盘内、外径,如图 2 - 44(b)与(c)所示。在大致位置连续放置三个焊盘,焊盘编号自动递增。

③将编号为 1 的焊盘设为定位参考点,以方便通过设置焊盘坐标来精确定位焊盘(引脚)间距。执行【Edit】→【Set Reference】→【Location】,十字形光标对准 1 号焊盘,出现八角形单击,即将 1 号焊盘的坐标(0,0)设为坐标原点,如图 2 - 44(d)所示。

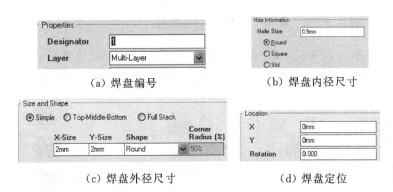

（a）焊盘编号　　　　　　　　（b）焊盘内径尺寸

（c）焊盘外径尺寸　　　　　　（d）焊盘定位

图 2 - 44　焊盘属性设置

④1 脚与 3 脚的间距为 5 mm,确定 3 号焊盘坐标为(5,0)。由于 1 脚与 2 脚的关系,确定 2 号焊盘坐标为(2.5,5)。双击 2 号焊盘,设置如图 2 - 45 所示。

参考点是 PCB 元件的一个重要元素。设定参考点,通过定位焊盘坐标来精确定位焊盘间距。

**温馨提示:** 对 PCB 元件移动、旋转、翻转等操作是以参考点为操作基点。任何时候可以重新设置 PCB 设计中的参考点,有元件引脚(Pin 1)、元件几何中心(Center)和操作者指定位置(Location)3 种设置。

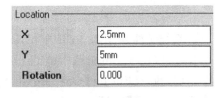

图 2 - 45　焊盘定位

(3)绘制图形轮廓线。

①在 PCB 元件编辑器底部选择【Top Overlay】标签选项卡为当前工作层。

②开始绘制图形。

用鼠标右击编辑区,执行【Options】→【Library Options】命令,在打开的【Board Options】对话框中,将【Snap Grid】包含的两个选项均修改为 0.2 mm。【Snap Grid】值为 0.1 mm,根据图元的大小常需要修改,以加快图元的捕捉与放置。

图 2 - 46　制作的封装

开始绘制外围边框,执行【Place】→【Line】,只要保证实体元件能够安装,如图 2 - 46 所示。

(4)修改封装的名称。双击元件列表栏中的元件【PCBCOMPONENT_1】,在弹出的 PCB 库元件参数【Name】项中输入名字"BYQ-LB-3"。

(5)保存。知道自己做的封装名字和保存的路径。

**温馨提示：**

PCB 编辑或在 PCB 元件编辑中,可检查封装焊盘间距是否和元件管脚一致,封装图形轮廓是否符合实际元件的轮廓投影。

执行【Report】→【Measure Distance】距离测量,鼠标在任意两点如图素(焊盘点、元件体)分别单击,将弹出测量结果报告,由此判断焊盘间距是否正确,轮廓尺寸是否合适。

### 3. 查看三极管的封装,并复制到个性库中修订

在项目 2 训练中,3 组 9 只 LED 循环灯轮流交替,通过 9013 三极管控制通断,三极管的外形如图 2-47 所示,复制系统自带库下的 BCY-W3 封装到个性库中,并修改。

BCY-W3 封装　　　　　需要的封装

图 2-47　9013 元器件外观、原理图元件符号及自带的封装

1)复制元件封装到自建库

系统元件库下有 PCB 专用库,库中有三极管通孔直插专用封装库 Cylinder with Flat Index. lib(位于 Library\Pcb\Thru Hole)。

(1)执行【File】→【Open】按钮,出现打开文件对话框,找到 Cylinder with Flat Index. lib,执行对话框的【OK】。

(2)在【Projects】面板双击文件名【Cylinder with Flat Index. lib】,打开该 PCB 元件库,并点击面板底部的 PCB Library 的标签,在 PCB 编辑界面可以逐个浏览库中的 PCB 元件封装图形。

(3)在 PCB 元件列表中选中要复制的元件名称 BCY-W3 并右击,点击【Copy】,如图2-48所示。

(4)在面板中打开自己做的个性库"流水彩灯. PcbLib"(或自建库"ZZKU. PcbLib"),然后在库元件列表中任意处右键单击,点击【Paste 1 Components】,如图 2-49 所示。

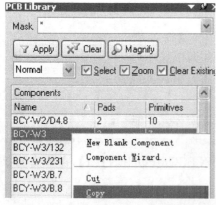

图 2-48　从 PCB 库元件中复制元件

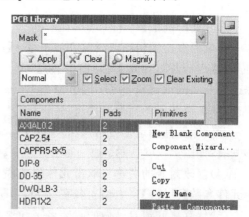

图 2-49　粘贴元件到自己的库

(5)元件已复制到个性 PCB 库中,包括元件名称、元件图形等相关信息。

**小结:**修改元件封装库中的某个元件,先进入元件库编辑器,选择【File】→【Open】打开要编辑的元件库,在元件浏览器中选中要编辑的元件,窗口就会显示出此元件的封装图,再复制到自己的个性库中修改、编辑。

2)在 PCB 元件编辑界面,编辑元件封装

(1)焊盘编号的修改。双击 1 号焊盘,在弹出的属性对话框中将【Designator】焊盘编号修改为 3。同样方法将 3 号焊盘修改为 1,实现 1、3 焊盘交换。

文字编号 1、3 交换,按住鼠标左键直接移动到需要的位置。

(2)焊盘间距适当增大,并进行"扩盘"处理。

由【Measure Distance】测量焊盘间距为 1.27 mm。根据 PCB 布线宽度需要,将焊盘间距改成 2.54 mm,并扩盘,以提高 PCB 焊盘与基板的黏附力。

将 2 号焊盘设置为中心参考点(定位参考点),双击 1 号焊盘,在弹出的属性框中将【Location】定位为(0,2.54),在 Y 中输入 2.54。Y 方向扩盘为 1.5 mm,如图 2-50 所示。

**注意:**在状态栏查看 mil 还是 mm,英文输入状态下,按键盘的 Q 键可相互转换。

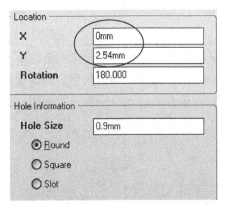

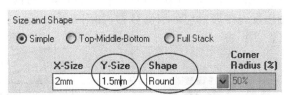

图 2-50　焊盘定位和尺寸设置

修改 3 号焊盘,提示 Y 输入为－2.54,方法同上。

(3)外围轮廓的修改,将圆弧半径修改为 3.5 mm。双击圆弧,在弹出框中 Radius 输入 3.5,点击【OK】。然后选中直线、拖动控点、调整拉线。

(4)修改封装名称。双击库中的 BCY-W3 元件对它重命名,在弹出的对话框中修改封装名称为"ZZBCY-W3"。完成后的效果,如图 2-51 所示。

**技巧小结:**封装焊盘、轮廓图形的修改。

(1)封装焊盘的修改。用鼠标左键双击要修改的焊盘,在弹出的对话框中修订焊盘编号、形状、直径、钻孔等参数。

(2)封装图形轮廓的修改。单击轮廓线,拖动控点部分,可改变其轮廓线长度,或者删除原来的轮廓线,重新绘制轮廓线。

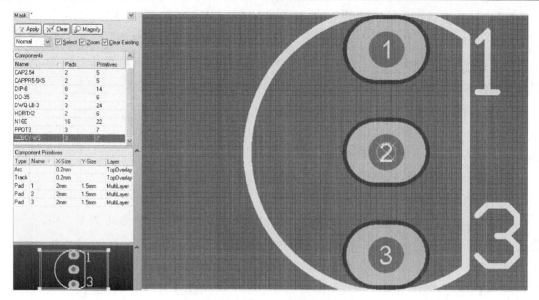

图 2-51　修改后的三极管封装

## 4. 修订 LED 数码管封装

　　LED 数码管是最常用的显示器件,是以发光二极管作笔段并按共阴极方式或共阳极方式连接后封装而成的。有些市售的 LED 数码管不注明型号,也不提供引脚排列图。遇到这种情况,使用数字万用表可方便地检测出数码管的结构类型、引脚排列以及全笔段发光性能。这里检测出发光各段对应的引脚分布,如图 2-52 所示。

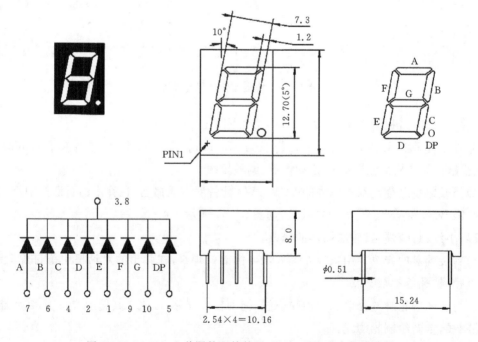

图 2-52　0.5 inch 共阴数码管外形、尺寸、引脚及内部线路图

可以看出,原理图中引脚名称及编号(见图 2－53)与实际元件的引脚及相应编号(见图 2－52)并不吻合,即引脚的物理编号与电路图元件电气编号不同,如表 2－1 所示,用管脚名称反映管脚功能。

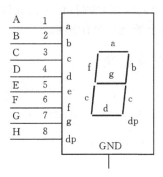

图 2－53　原理图元件

表 2－1　引脚名称与电气编号、物理编号的关系

| 物理编号 | 1 | 2 | 3 | 4 | 5 | 6 | 7 | 8 | 9 | 10 |
|---|---|---|---|---|---|---|---|---|---|---|
| 管脚名称 | E | D | COM | C | DP | B | A | COM | F | G |
| 电气编号 | 5 | 4 | 9 | 3 | 8 | 2 | 1 | 10 | 6 | 7 |

为此制作封装应作相应的调整,封装制作如图 2－54(a)、(b)所示,想一想能否满足实际元件和电气特性要求?

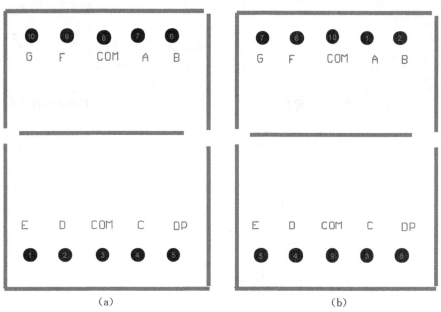

　　　　(a)　　　　　　　　　　　　　　　　　(b)

图 2－54　数码管封装修订

对于图 2－54(a)封装,封装与实物管脚完全一致,但焊盘编号与图 2－53 元件电气编号不同,网络关系不匹配势必导致错误。对于这种情况有两种修改方法:

一是在 PCB 元件编辑时,将封装的焊盘编号修改,与电气符号的编号相同。

二是对图 2-53 中的原理图元件,直接修改引脚编号,与封装焊盘编号相同。

如图 2-54(b)所示的封装,完全符合元件实物与元件电气符号的要求。

**温馨提示:**封装的轮廓线一定要在【Top Overlay】(顶层丝印层)绘制,默认为黄色,不要在【Top layer】(顶层)或【Bottom layer】(底层)绘制,也不能在【Keep Out Layer】(禁止布线层)绘制,否则布线不能通过禁止布线层上的元件外围边框。

### 5. 借助向导制作 DIP40 的集成块封装

现有一只 DIP40 的集成电路 AT89C52,试利用向导制作相应的封装。

(1)执行【Tools】→【Component Wizard】菜单命令,在弹出的对话框中点击【Next】按钮。

(2)在元件模型框中,选择封装种类,如图 2-55 所示,点击 Dual In-line Packages [DIP] ,尺寸单位 Metric (mm) 。

(3)将焊盘孔径改为 0.8 mm,焊盘长、宽为默认尺寸,(DIP 类元件焊盘尺寸可以参照库中原有同类标准元件)。修改方法是鼠标选定待修改的目标数据,重新输入新数据,如图 2-56 所示。

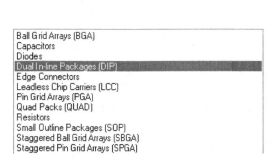

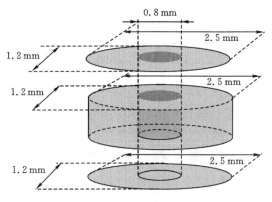

图 2-55　选择新建 PCB 元件种类　　　　图 2-56　设置焊盘孔径和尺寸

(4)焊盘间距设置,同侧相邻焊盘间距以及两排间焊盘间距的设置,采用 2.54 mm 和 15.24 mm,如图 2-57 所示。

(5)设置外围边框导线宽度,轮廓线宽度根据封装不同而调整,清晰即可,这里默认值可以满足要求,如图 2-58 所示。但对于极小的元件,适当减小轮廓线的宽度,使得视图比较协调。

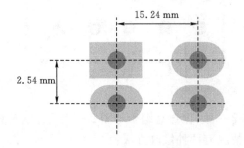

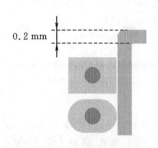

图 2-57　焊盘间距设置　　　　　　　图 2-58　轮廓线设置

（6）设置焊盘数量：40。

（7）封装命名：DIP40，如图 2-59 所示。

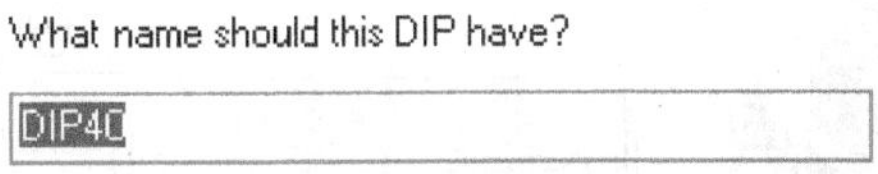

What name should this DIP have?

DIP40

图 2-59　封装命名项

（8）结束对话框，点击【finish】按钮完成。PCB 元件界面出现元件封装，全选，点击工具栏的 ✛，并在 PCB 封装上单击，并按空格键旋转，如图 2-60 所示。

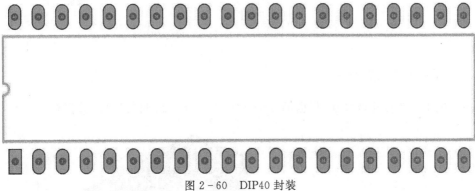

图 2-60　DIP40 封装

该方法操作较为简单，适合于外形和管脚排列比较规范的元件，是自制 PCB 元件引脚封装的首选方法。在自制 PCB 元件引脚封装之前，必须首先获得该元件的封装参数，常用的参数有管脚数目、排列顺序、粗细、间距，元件外形轮廓等，以上参数可以从网上或元件供应商处查阅获得，也可以直接利用游标卡尺等测量得到。

## 任务5　调用 PCB 元件

PCB 元件封装作了修改，修改元件封装库的结果不会反映在以前绘制的电路板图中。

（1）如果在项目产生的 PCB 元件库中，执行【Tools】→【Update PCB With Current Footprint】，系统就会用修改后的元件更新 PCB 图中的同名元件。

（2）如果在个性化自建库中，并且不在当前 PCB 设计项目中，必须将元件封装所在的库文件添加到当前 PCB 设计库元件列表中，方法同加载元件库，这里省略。

在 SCH 中双击需要更改封装的元件，在元件属性框中找到【Footprint】项双击，在系统弹出框中选择元件封装。把原理图变更同步更新到 PCB 中，PCB 图中原有封装被代替，删除 Room 盒。

当然也可直接修改 PCB 中对应元件的封装。双击需要修改的封装，在弹出的属性框中查看选择元件封装。需要补充的一点是 SCH 和 PCB 必须同步更新。

## 操作题

### 1. 制作四角按键封装

按键实体和内部结构如图 2-61 所示，内部包含两只已经互连的开关部件，相关尺寸图中有标注。

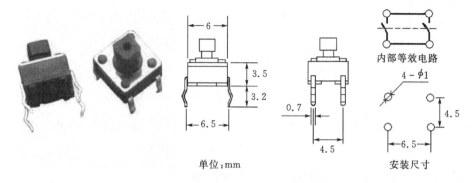

单位:mm

图 2-61  按键外形、尺寸及内部线路图

## 2. SOT-23 封装制作

贴片 9013 三极管外观尺寸,根据图 2-62 完成 SOT-23 封装制作,并保存。

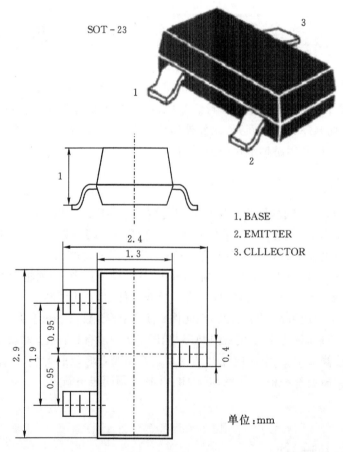

SOT-23

1. BASE
2. EMITTER
3. CLLLECTOR

单位:mm

图 2-62  9013 贴片的外形对应的封装 SOT-23 外形、结构尺寸图

**提示:**贴片焊盘长、宽如图 2-62 所示,贴片焊盘所在层为顶层信号层。

# 项目3　耳机放大电路单面板制作

## 项目描述

　　要让耳机充分发挥性能,必须提供必要的驱动。为耳机提供驱动信号的设备就是耳机功率放大器,简称耳放。耳放连接在耳机与音源之间,起到发挥耳机实力的作用。图3-1是一款耳机放大电路成品,图3-2为对应的电路原理图。

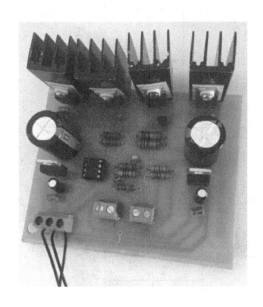 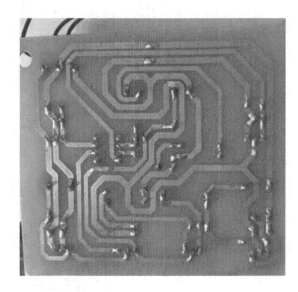

图3-1　耳机放大电路样品

## 任务提出

　　请从产品功能实现的角度,结合成品效果图3-1,完成耳放电路原理图的绘制,如图3-2所示。进行单面PCB设计,对于有几条不能布通的导线,采用"跳线"处理。设计出符合实际工艺制作和电气性能的单面PCB,参阅图3-3。

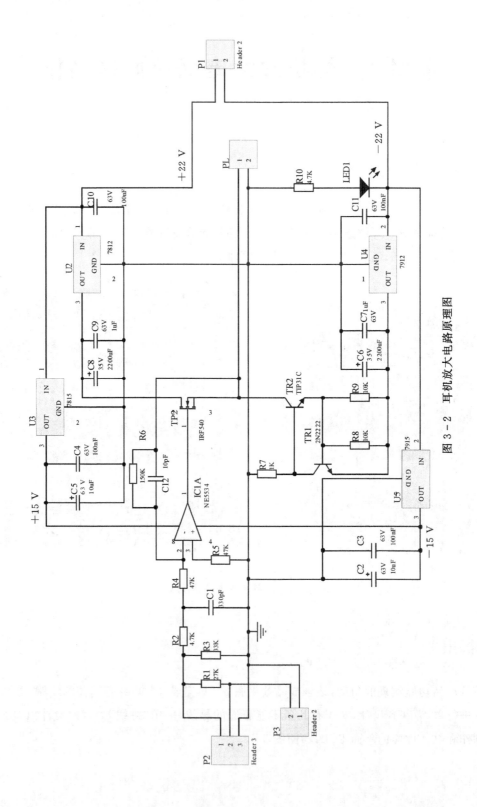

图 3 - 2　耳机放大电路原理图

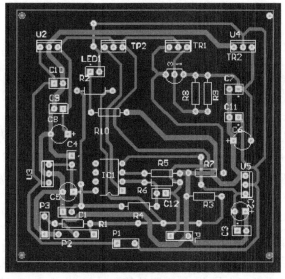

图 3 - 3 耳放电路 PCB 图

# 任务要求

1. 快速完成原理图的绘制,注意有极性元件如三极管、大功率管和三端稳压器的引脚编号,封装焊盘编号与实物元件引脚功能的关系,调整元件引脚编号。

2. 设计单面 PCB,板子规格为 75 mm×75 mm。

3. 元件封装请按实物要求来配置。稳压电源、大功率三极管、场效应管封装确定,并注意加散热片。

4. PCB 元件布局合理、布线疏密均匀,按指定要求布局、布线。

5. PCB 设计修改。

6. PCB 图的打印输出。

7. 热转印制作 PCB。

# 任务分析

原理图的设计流程分为器件选择,原理封装设计,原理设计,PCB 封装指定,原理图整理,原理图检查。给定电路如图 3 - 2 所示,要求学会读图与绘图,元件和导线是电路图的灵魂。放置元件时,尤其面对不认识的元件包括子元件,要求会查找、搜索元件,对于库中没有找到的元件,需自己制作。同时,能够根据元器件实物配置合适的封装。

完成电路图绘制,确定好封装,就可以设计印刷电路板图。设计印刷电路板图的基本流程:启动印刷电路板编辑器;设置电路参数及电路板工作层;规划电路板;确认装入元件封装库;装入元件封装和网络等内容到 PCB 文件;元件布局;布线;报表输出存盘及打印。利用热转印法制作 PCB,元件焊接、调试,实现产品功能。强调 PCB 设计必须结合 PCB 布局、布线基本要求,灵活应用自动布线与拆除布线相关命令,手动调整布线,高效并有质量地完成 PCB

设计。

# 任务实施

## 任务 1    读图,元器件选型与封装确定

以信号流向为主线,沿信号的主要通路,以基本单元电路为依据,将整个电路分成若干具有独立功能的部分,并进行分析。图 3-2 中,电源稳压电路+15 V,-15 V 为 NE5534 比较运放电路提供双电源电压,+12 V,-12 V 为功放电路提供双电源电压,为乙类功率放大器。电路图核心元件由运放 NE5532、场效应管驱动、双极性三极管 2N2222、大功率管 TIP31C 及一些外围元件组成。

画原理图时,要弄清选用元件的型号规格。收集元器件信息,元件信息主要来源于元器件生产厂家提供的用户手册。若没有用户手册,可以上网查找元器件信息,一般通过访问元件厂商或供应商的网站可以获得相应信息,如元器件管脚功能、元件内部功能结构图和封装相关参数信息。

### 1. 小功率三极管实物、元件符号与封装

三极管在结构上分为 PNP 型和 NPN 型,在原理图库元件中常用名称为"PNP"和"NPN",标号一般以"Q"或"T"开头,根据功率不同,体积和外形差别较大,常用的元件封装根据外形和外壳材料分为塑封和金属外壳两种。

本项目采用的三极管引脚排列顺序如图 3-4 所示,3 脚为 C 极,2 脚为 B 极,1 脚为 E 极。从图 3-4 中看出,面向器件封装平面从左到右为 E、B、C,9012/9013、8050/8550 三极管的引脚排列顺序也如此。1815 三极管的引脚排列顺序面向器件封装平面从左到右为 E、C、B。小功率三极管封装一般有 BCY-W3 系列,在软件 PCB 封装库目录下专用的塑封外壳三极管封装库 Cylinder with Flat Index.PcbLib 中。三极管封装中的后缀数字不再像前面元件封装一样表示焊盘间距,而是用于表示外形的不同,只是封装中相互区分的代号而已。

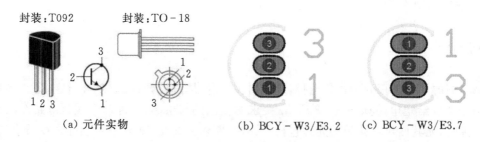

图 3-4    直插式 2N2222 三极管及其封装

采用 BCY-W3/E3.2 封装,直接将元件插入到 PCB 上三极管封装符号的焊盘中。如果选用 BCY-W3/E3.7,实物三极管要反过来安装,但会带来插装的不便。

2N2222/2N2222A 从混合库中取出图形符号放到原理图编辑界面中,如图 3-5(a)所示。双击元件,在弹出的元件属性框中点击左下角 Edit Pins... ,弹出元件引脚编辑框,如图 3-5

(b)所示。从图 3 - 5(b)看出，2 脚是 B 极，而 1 脚是 C 极，3 脚是 E 极，与实物引脚排序及封装焊盘编号不一致(图 3 - 4)。修改方法有以下两种：

(1)直接在原理图元件引脚属性中修改，在图 3 - 5(b)中的 Designator 栏中，将 1、3 编号互换，如图 3 - 5(c)所示。从而保证三极管实物、原理图元件符号与 PCB 元件焊盘编号三者一致。

(2)对三极管封装、焊盘序号编辑修改，参阅前面的专题 I ——封装的制作。

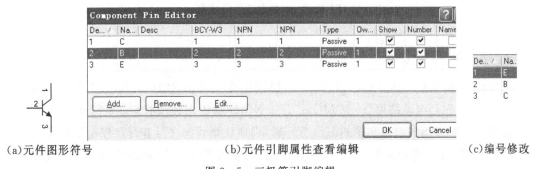

(a)元件图形符号　　　　　　　　(b)元件引脚属性查看编辑　　　　　(c)编号修改

图 3 - 5　三极管引脚编辑

细心的读者会观察到三极管焊盘间距不够大，对 PCB 导线连接带来困难，容易短路。将焊盘间距增大，参阅前面的专题 I ——封装的制作。

总之，绘制电路前，首先要弄清电路中元器件的型号与规格，如选用的三极管型号，确定三个极功能的排列顺序。在选择封装时主要考虑元件的安装、定位和焊接，不考虑其内部结构和材料，无论三极管是 PNP 还是 NPN 型，锗材料还是硅材料，只要焊盘参数、管脚序号对应，均可采用相同的三极管封装。

极性元件选择元件封装时要保证两点：①实物功能管脚排序与封装焊盘编号之间的对应关系；②原理图元件引脚编号和 PCB 封装焊盘编号的一致性。

## 2. 大功率三极管 TIP31C

TIP31A 和 TIP31C 是硅安装在外延基 NPN 晶体管 JEDEC 的 TO - 220 塑料封装，为中等功率线性和开关应用。互补 PNP 类型分别是 TIP32A 和 TIP32C。直插式 TIP31C 元件管脚排列和内部结构，如图 3 - 6 所示。大功率三极管的封装可采用 SFM 系列，图 3 - 7 是 SFM - T3/A6.6V 和 SFM - T3/E10.7V 封装，封装外形轮廓的两条黄线是紧密并排挨着的，表示外接散热片。

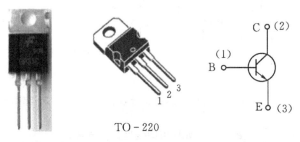

图 3 - 6　TIP31C 实物、管脚排列和内部结构图

SFM - T3/A6.6V　　　　　　　SFM - T3/E10.7V

图 3-7　大功率管元件封装

### 3. 场效应管 IRF540

场效应管在外形上和塑封三极管相似,原理图库元件名称为"JFET - N"(N 沟道结型管)、"JFET - P"(P 沟道结型管)、"MOSFET - N"(N 沟道增强型管)、"MOSFET - P"(P 沟道增强型管)等,常用的封装和塑封三极管一样,但应注意管脚序号和焊盘序号的对应问题。

IRF540 是 N 沟道增强型管,当散热片朝后时,从左到右引脚分别是 G、D、S。直插式元件、封装与内部结构引脚排列,如图 3-8 所示。

选用如图 3-7 所示的封装,元件实物管脚与封装焊盘编号的物理特性是对应的。查看元件引脚编号,如图 3-9 所示,与焊盘编号的电气特性不一致,需要修改,方法同上,只要将引脚编号 1、2 调换即可。

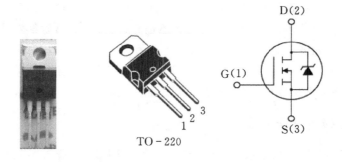

TO - 220

图 3-8　IRF540 实物、管脚排列和内部结构图

　　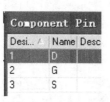　　　　

（a）图形符号　　　　（b）元件引脚属性查看及编辑　　　（c）编辑后的图形符号

图 3-9　元件引脚编号查看与编辑

### 4. 78/79 系列稳压块

78＊＊系列为正输出,其中有 7805、7806、7808、7809、7812、7824;而 79＊＊系列为负输出,其中有 7905、7906、7908、7909、7912、7924。78 或 79 后面的数字代表输出电压。78/79 系列通常前缀为生产厂家的代号,如 TA7805 是东芝的产品,AN7909 是松下的产品。有的中间带 M 或 L 或无字母,表示输出电流有 L(0.1 A)、M(0.5 A)、无字(1.5 A)。

78、79 系列除引脚功能排列不同以外,命名方法、外形等均相同,如图 3-10 所示。通常按照电位高低顺序排列管脚序号,实际器件 2 脚均为输出端。散热片总和最低电位相连,78 系列中散热片和地相连;79 系列中散热片却和输入端相连。

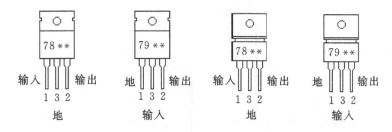

图 3-10　78/79 系列管脚功能排列

对元器件实物管脚功能排序有所了解,查看元件符号及其对应的封装。稳压器在 Library 系统库下 ON Semiconductor(安森美半导体)库的 ON Semi Power Mgt Voltage Regulator. IntLib(三端稳压器)库中,内含 LM317、7812、7912 等很多稳压器件。7812、7912 元件及其对应的封装,如图 3-11 所示。另外,混合库中也有三端稳压器 Volt REG。

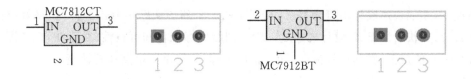

图 3-11　7812/7912 元器件及其封装

图 3-11 中封装焊盘序号和元件符号引脚编号一致,而且封装也符合实物元件的需要。不同的引脚名称用来表征不同的管脚功能,以不同的引脚编号来区分。

有极性元器件,务必保证封装焊盘编号与元件电气符号引脚编号的一致性,并与实物元件管脚功能的对应关系。

### 5. NE5534 运放

NE5534 是单路高效低噪音运算放大器。NE5532 是双路运放,内含两个子单元,如图 3-12所示。NE5534 是标准集成块,DIP-8 封装。

NE/SA/SE5534/5534A

D,FE,N Packages

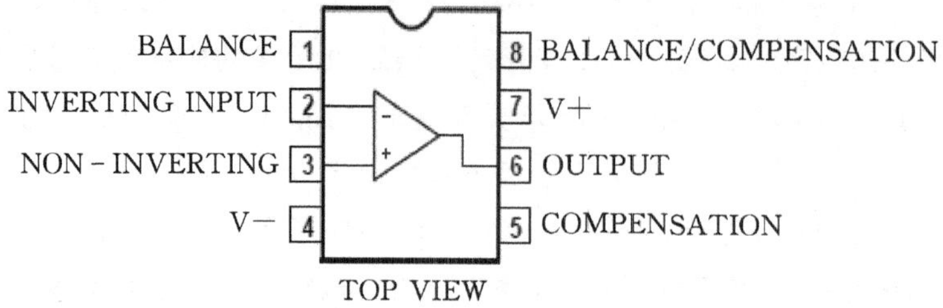

BALANCE ☐1    8☐ BALANCE/COMPENSATION
INVERTING INPUT ☐2    7☐ V+
NON - INVERTING ☐3    6☐ OUTPUT
V− ☐4    5☐ COMPENSATION

TOP VIEW

NE5533/5533A

N Package

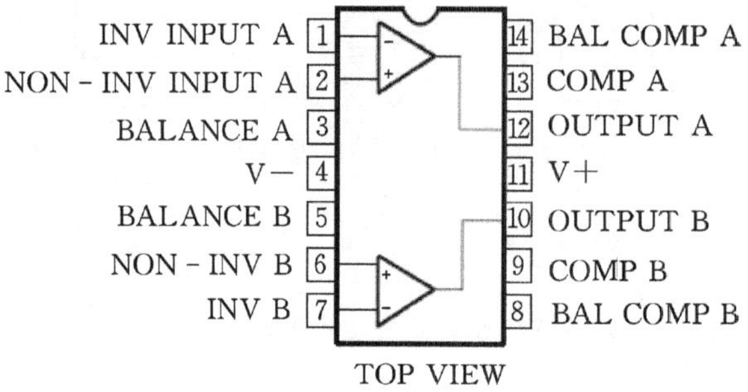

INV INPUT A ☐1    14☐ BAL COMP A
NON - INV INPUT A ☐2    13☐ COMP A
BALANCE A ☐3    12☐ OUTPUT A
V− ☐4    11☐ V+
BALANCE B ☐5    10☐ OUTPUT B
NON - INV B ☐6    9☐ COMP B
INV B ☐7    8☐ BAL COMP B

TOP VIEW

图 3 - 12　NE5534/NE5533 内部结构图

## 任务 2　完成电路 SCH 绘制

在绘制原理图之前,对电路图中的元件要做到心里有数。在原理图元器件符号和封装确定的情况下,才能快速设计出符合要求的 SCH 图。原理图从库中调出元件时,最好能同时选择元件封装,加快后续 PCB 设计的速度。为了图纸的标准化和可视性、易读性,在整图的布局上需遵循一定的规范,做到信号流向顺畅,布局匀称,功能单元电路布置清晰。

值得一提的是:原理图中的"电气元件符号"不必要求和提供的图 3 - 2 一模一样,因为不同厂家提供的"原理图元件"可能存在一些差别,只要保证元件管脚的电气连接关系正确即可。本任务重点介绍以下几个方面:

### 1. 放置元件常见问题及解决策略

没有给出电路元件信息表,常会遇到下列问题:

(1)知道原理图元件的符号,并且知道其位于哪个元件库中,但不知其原理图符号在库中的名称。

(2)大致知道原理图元件符号和名称(电路图中显示),但不知道元件位于哪个元件库中。

(3)元件库中虽然有该类型的原理图元件,可原理图符号不符合实际的需要。

对应的解决办法:

(1)知道元件位于哪个库,在库文件面板中添加该元件库,在当前库列表中选择该库,利用键盘上的↓键和↑键,逐个浏览库中的原理图符号及封装,找到需要的元器件。

(2)不知道元件位于哪个元件库,利用元件 Search 查找功能,找到该元件库和元件。

(3)可以编辑修改原理图元件,具体操作将在后续项目中再作介绍。

### 2. 查找元件,并浏览对应封装

以查找 NE5532 为例,在图 3-13 的库面板中,点击【Search】按钮,进入元件库查找对话框,按照图 3-14 所示进行设置。

图 3-13　库元件面板

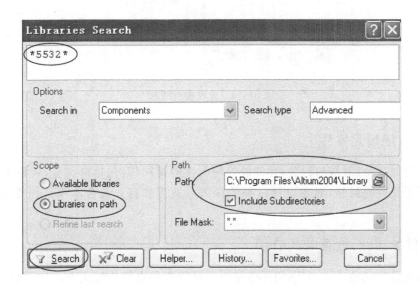

图 3-14　系统库内查找元件

**注意**:在空白框内输入知道的元器件信息,如输入"＊5532＊"等,"＊"表示一个或一个以上的任意字符,采用通配符＊代替字母,只保留数字部分,以增加找到的机会,如果输入精确的名称"NE5532",则很可能无法找到。

图 3-14 设置完成,单击【Search】按钮,找到的运放＊5532＊元件,如图 3-15 所示。

逐一浏览符合条件的元件,电气元件符号相同,封装外形配有直插封装和贴片封装,以方便选用器件。

**说明**:贴片封装 SO8 焊盘,一般都呈现红色,焊盘显示顶层信号层的默认颜色,这与贴片元件粘贴在一面相符。

**技能小结**:元件查找输入时,使用通配符＊,以增加找到原理图元件的机会,因为同一类元件,特别是集成电路,有很多不同厂家生产,其名称各不相同,但数字部分基本相同。

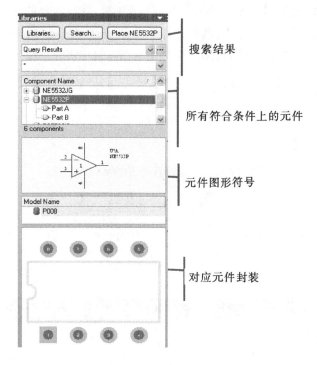

图 3-15　元件查找结果

## 3. 放置、编辑元器件

选择元件时,注意对应的封装,元件放置与属性编辑同步,包括对编号、规格大小、封装的更改等。关于元件的封装,随着设计过程的深入可适当修订。结合本项目任务 1,设置元件封装。

## 4. 元件的连线,放置电气节点

原理图元件之间的连线,表示实际电路中元件管脚的电气连接关系。导线绘制最好采取分模块、单元电路的方式,从左到右、从上到下依次进行。当导线交叉时,使用节点表示导线之间具有连接关系。在很多情况下,节点是在放置导线时由系统自动添加的。但是,有时根据原理图需要手动添加节点。

执行菜单命令【Place】→【Manual Junction】,光标会由空心箭头变成"×"形,并且光标旁浮动着一个节点。将光标置于欲放置节点的位置上,单击鼠标左键即可。单击鼠标右键,结束放置节点,如图 3-16 所示。

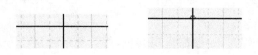

图 3-16　节点表示相交导线的连接

### 5. 原理图自动编号

画原理图(.SchDoc)的最终目的是设计 PCB 板子,元件编号不能冲突,即元件编号唯一。有两种情况需要设置元件自动编号。

(1)同一个.SchDoc 文件里的元件编号相同导致冲突,尤其在一张庞大而复杂的电路图中,容易出现编号重复。

(2)同一个 PrjPCB 工程里的不同.SchDoc 文件(层次电路图),元件编号相同导致冲突。

解决步骤如下:

(1)执行菜单命令【Tools】→【Annotate Schematics...】

(2)在弹出的对话框中,左半边如图 3 - 17 所示,在左下角勾选要自动编号的.SchDoc 文件。

(3)对话框的右半边,如图 3 - 18 所示,点击【Reset All】之后弹出一个确认对话框,点击【OK】,接着点击【Update Changes List】,再接着点击【Accept Changes(Create ECO)】。

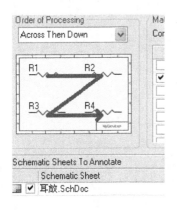

图 3 - 17　编号顺序和原理图的勾选

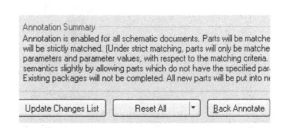

图 3 - 18　原理图元件编号还原

(4)点击【Accept Changes(Create ECO)】之后会弹出一个对话框,点击【Execute Changes】,点击【Close】,完成自动编号。

## 任务 3　确定合适的元件封装

### 1. 原理图与 PCB 的比较

PCB 设计中载入的 PCB 元件封装就是由原理图中确定的元件封装,从封装库中调出而形成的。因此原理图元件、原理图元件的连接关系和 PCB 元件封装、PCB 铜箔走线是一一对应的。原理图采用"电气符号"和清晰明了的连线来表达电路的结构、功能。PCB 通过"引脚封装"和实际铜箔导线来实现电路图的具体功能,重点在于实际元件的安装、焊接、调试等。所以在由原理图转入 PCB 设计时,确定元件封装在原理图绘制过程中完成,对于 PCB 制作至关重要。必须再次审订原理图元件封装和电气连线。

### 2. 确认元件封装,测量焊盘间距

在确定元件引脚封装时,不能采取死记硬套,遇到电阻,不管体积和功率大小都盲目地采用"AXIAL - 0.4";看到电解电容,不管大小和耐压,都采用"RB7.6 - 15",这样势必导致制作的 PCB 无法满足实际元件的装配需要。关于电阻、电容、接插件元件封装的选择,可参阅项目 2 任务 2。

三端稳压块、三极管和场效应管均为有极性元件,参看本项目任务 2。必须根据实际情况选择合适的封装,关于元件封装查看与更改方法,参阅项目 2 任务 3。

但是,PCB 设计中,封装焊盘间距与实际元件的管脚间距是否完全一致,怎么判别的?

这里以稳压电源 7812 为例进行说明:

(1)打开 PCB 编辑器,单击控制面板底部的【Library】标签,浏览集成库,如图 3 - 19 所示,看到 221A - 04 封装相对较合适,放置该元件封装在 PCB 界面中。

(2)然后,在焊盘之间放置尺寸标注,执行【Place】→【Dimension】→【Dimension】,在【Top Overlay】放置尺寸标注,如图 3 - 20(a)所示。

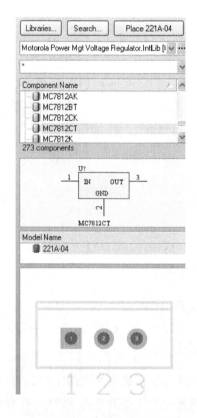

图 3 - 19  浏览封装库

**温馨提示**:选用元件封装主要考虑:①电气符号的引脚序号、元件封装的焊盘序号、实际元件的管脚与极性是否一一对应;②封装轮廓与元件实物外形、体积是否相近;③封装焊盘间距与实物管脚间距是否相符。满足以上条件,则可以选用。

当然,执行【Reports】→【Measure Distance】菜单命令,光标变成十字形,鼠标左键单击要测量的第一个焊盘中心(八角形出现),移动到第二个焊盘中心(八角形出现)单击,弹出测量结果报告,如图 3-20(b)所示。这种方法可以测量任意两点之间的距离。

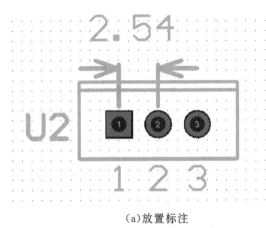

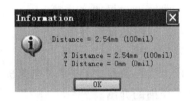

(a)放置标注　　　　　　　　　　　(b)测量距离菜单

图 3-20　测量焊盘间距

## 任务 4　解决 SCH 转换到 PCB 文件的错误

SCH 转换到 PCB 设计的操作方法,同项目 2 任务 4。

如果将原理图内容装入到 PCB 的出现错误,常见的错误原因主要为元件封装和网络关系方面的错误。建议用户在解决错误问题之后再重新装入。

关于元件封装方面主要有三种错误:

(1)没有预先装入电路图所需要的全部正确的元件库。

(2)原理图中的元件没有定义封装形式。

(3)原理图中元件的封装名称定义错误,或者原理图中的封装名称与所装入的元件库的封装名称不相同。

关于网络关系方面的主要错误有:

(1)原理图中接地网络【Net】选项容易遗漏,接地【Gnd】没输入。

(2)原理图元件引脚编号与 PCB 焊盘编号不一致,造成网络关系找不到。

(3)电路网络节点名称重复。

## 任务 5　耳放电路单面 PCB 设计

制作耳机放大电路 PCB 单面板,尺寸规格为 75 mm×75 mm,地线为 50 mil,电源线为 40 mil,一般导线为 30 mil。元件布局、布线要符合电气和工艺要求。

PCB 设计操作提示:

(1)完成耳放原理图的绘制,并为各元件确定合适的引脚封装。

（2）检查各元件编号、参数、引脚封装是否正确。

（3）在设计项目中新建 PCB 文件(.PcbDoc)，一个设计项目包含所有设计文件的连接和有关设置，并放在与原理图文件(.SchDoc)同一个项目下；建议每个项目放在一个专用文件夹里。

（4）将 SCH 转换到 PCB 设计中。

（5）手动布局元件，按单元模块进行元件布局，注意发热元件稳压器、大功率管的布局、接插件的摆放。

（6）手工精确绘制电路板大小。

（7）设置布线宽度，并设置优先级别为 GND＞VCC＞一般信号线，具体操作可参照项目 2 任务 4——PCB 导线宽度规则和优先权设置。

一般导线宽度设置顺序：【Maximum】40 mil→【Preferre】30 mil→【Minimum】10 mil。

接地线宽度设置顺序：【Maximum】80 mil→【Preferre】50 mil→【Minimum】40 mil。

电源线宽度设置顺序：【Maximum】80 mil→【Preferre】40 mil→【Minimum】40 mil。

（8）手工连线、修改导线。

（9）制作安装孔。

在以上操作流程中，主要对电路板边框的绘制，制作安装孔，元件手动布局、手动连线及修改进行了详细的介绍。

## 1. 电路板形状和物理边界

通常 PCB 设计时，SCH 加载到 PCB 后，将元件进行适当的布局，再核定 PCB 的尺寸。本电路板规格尺寸定为 75 mm×75 mm，可以先绘制电路板边框。

利用手工方法绘制电路板的边框，可以绘制形状不规则的电路板，满足特殊电器要求。具体操作步骤如下：

（1）新建 PCB 文件进入 PCB 编辑器，已有一个默认的电路板，但尺寸不一定符合要求。

（2）开始绘制电路板边框的一条线

①在 PCB 图纸界面底部，单击 **Mechanical 1**（机械层）标签，切换为当前工作层面。

②执行菜单命令【Place】→【Line】，在机械层先画一条水平线。

③双击该导线，弹出导线属性对话框，如图 3-21 所示，由坐标来精确定位长度。

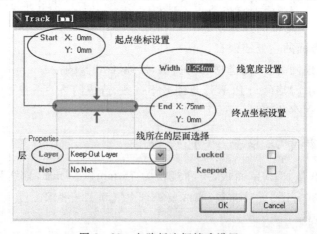

图 3-21　电路板边框精确设置

**注意**：采用坐标来精确定位线的长度，一定要先绘制一段线，然后双击该线进入属性设置。

④单击【OK】，编辑区的线不见了，执行【View】→【Fit Document】命令，即在编辑区显示。另外，定位参考点的设置，执行菜单命令【Edit】→【Origin】→【Set】，将十字光标对准对象（线、焊盘）单击即可。

（3）继续绘制其余三条线，由坐标精确定位边框，如图 3-22 所示。

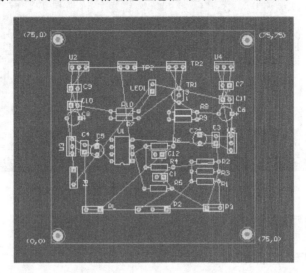

图 3-22　耳放电路板边框

（4）标注电路板物理边框尺寸。

注意观察图纸状态栏左下角显示的是 mil 还是 mm，在英文输入状态下，按键盘上的 Q 键，实行转换。

点击尺寸标注![icon]，在物理边框外围放置尺寸标注，如图 3-22 所示。双击对象（标注），可以查看标注线宽、起点与终点坐标、线所在的层面。

（5）如果默认 PCB 界面不够元件和布线的范围，则需要重新定义电路板边界。

执行菜单命令【Design】→【Board Shape】→【Redefine Board Shape】，光标变为十字形，并且电路板为墨绿色，单击左键沿着电路板边框重新绘制电路板，如图 3-23 所示。完成绘制后单击右键退出，重新定义的电路板边框如图 3-24 所示。

（6）沿电路板边框内 2 mm 处绘制电气边界。

①电气边界的作用。电气边界用来限定布线和元件放置的范围，它是通过在【Keep-Out Layer】（禁止布线层）绘制边界来实现的。禁止布线层是 PCB 工作空间中一个用来确定有效位置和布线区域的特殊工作层面，所有的信号层的目标对象和走线都被限制在电气边界之内。

②电气边界略小于物理边界。由于电路板日常使用中难免会有磨损，为了能够继续使用，所以制板时要留出一定的余地，使物理边界损坏后，由于电气边界小于物理边界，元器件的电气关系依然保持有效，电路板能够继续工作。

③规划绘制电气边界。规划电气边界的方法与规划物理边界的方法完全相同，只是布置在【Keep-Out Layer】（禁止布线层）上。请自行完成。

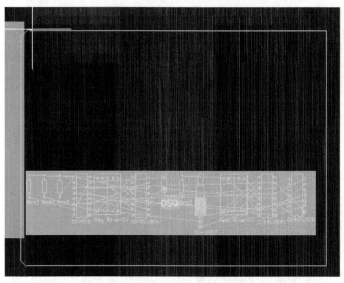

图 3-23 定义电路板形状

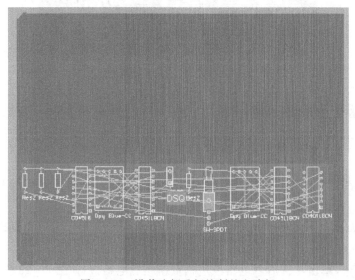

图 3-24 沿着边框重新绘制的电路板

**典型问答**

问：画 PCB 图边界时，比如第一个坐标点是(0,0)，第二个是(0,1990)，可是这个 1990 怎么确定？以 20 mil 为一个单位，要么画 2000 要么画 1980，画不出 1990 mil。

答：在 PCB 编辑界面上按一下键盘的 G 键，在弹出的命令中选择最小分辨率，即能绘制。

## 2. 设置电路板的安装方式

PCB 设计到最后还是需要使用的，板子在使用时都需要用螺钉等进行固定，所以 PCB 一定要设计安装方式。根据 PCB 的安装要求，在需要放置固定安装孔的位置上，放上适当大小的焊盘来进行标记。

（1）确定安装孔的放置位置。利用尺寸标注工具 ▨ 和 ▱ 确定安装孔位置，中心辅助定位线由直线绘制。

（2）绘制安装孔。移动光标到放置位置。执行 P/P 键放置焊盘，并设置属性。焊盘大小具体视螺钉或器件起固定作用的机械引脚来定，这里为 3 mm 螺钉，采用 4 mm 的焊盘标识安装方式。选用 Multi-Layer（多层）进行安装焊盘的布置。注意安装孔在电路板制作时将挖空，以便安装螺钉。

依次布置 1～4 号安装焊盘并进行标识，如图 3 - 22 所示。

（3）绘制固定孔外围的圆，切换到【Keep-Out Layer】，在安装孔的外围，执行【Place】→【Full Circle】绘制圆，以防止安装孔与板中线路相连。

### 3．元件布局

原理图装入到 PCB 文件后，所有的元器件都会放在工作区的零点，重叠在一起，下一步的工作就是把这些元器件分开，按照一些规则摆放整齐，即元器件布局。

1）元件布局基本要求

（1）元器件的放置需考虑元器件高度，元件布局需均匀、紧凑、美观、重心平衡，并且必须保证安装。

①元器件的位置应位于电路设计软件所推荐的网格点上。

②任何元件本体之间的间距应尽可能达到 0.5 mm 以上，至少不能紧贴在一起，以防元件难插到位或不利散热。

③接插件的接插动作应顺畅，插座不能太靠近其他元器件。

④元器件布局应考虑重心的平衡，整个板的重心应接近印制电路板的几何中心，不允许重心偏移到板的边缘区（1/4 面积）。

（2）器件布局应符合 QJ/MK03.025—2003 企业标准防火设计规范的要求。

①大功率发热量较大的元器件必须考虑它的散热效果，一定要放置在散热效果好的位置。

②大功率电阻本体与周边的元器件本体要有 2 mm 以上的间隙，原则上大功率电阻需按照卧式设计。

（3）器件布局应符合电磁兼容的设计要求。

①单元电路应尽可能靠在一起。

②温度特性敏感的器件应远离功率器件。

③关键电路，如复位、时钟等的器件应不能靠近大电流电路。

④退耦电容要靠近它的电源电路。

⑤回路面积应最小。

（4）插件、焊接和物料周转质量对器件布局的要求。

各工艺环节从质量的角度对器件布局提出了不同的要求。

①同类元件在电路板上方向建议保持一致（如二极管、发光二极管、电解电容、插座等），以便于插件不会出错，提高生产效率。

②对于无需配散热片的孤立 7805/7812 等 220 封装的稳压管（尤其是靠近板边的），为了防止在制作过程及转移、搬运、检验、装配过程中受外力而折断元件脚或起铜皮，尽量采用卧式设计。

③金属外壳的晶体,为了防震应尽可能用卧式设计并加胶固定。

关于电路元件布局的详细叙述,阅读知识链接。

2)进行手动元件布局

知道元件布局的基本要求,对电路元件布局做到心中有数。

(1)遵照"先大后小,先难后易"的布置原则,即重要的单元电路、核心元器件应当优先布局。参考原理框图,按照信号流向进行安排。

(2)相同结构电路部分,尽可能采用"对称式"标准布局。本项目中 7812 与 7912、TP2 与 TR3、7815 与 7915 尽量对称分布。

(3)IC 去耦电容的布局要尽量靠近 IC 的电源管脚,并使之与电源和大地之间形成的回路最短。使用同一种电源的器件尽量放在一起。

(4)三端稳压器、大功率管发热元器件,必须考虑它的散热效果,以及散热片在板子上的安装位置与空间。发热元件不能紧邻导线和热敏元件;高热器件要均衡分布。

(5)直接拖拽 PCB 元件到目标位置,并按空格键旋转元件。同时注意飞线的绕行与交叉情况,尽量减少飞线的交叉,总的连线尽可能短,关键信号线最短。

耳放电路元件布局初步结果,如图 3-25 所示。

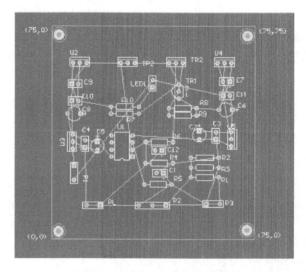

图 3-25　耳放 PCB 元件布局图

**小插曲——PCB 设计网格系统**

执行菜单命令【Design】→【Board Option】,在弹出框中选择"测量单位"、"捕获网格"、"电气栅格"、"可视网格"等参数。不同阶段可设置不同的栅格,元件布局阶段,元件栅格可设置得大点,以便元件对齐。布线阶段也不是越小越好,1 mil 会使得导线很难连接。

### 4. 元件布线

要使电子电路获得最佳性能,元器件的布局及导线的布设是很重要的。为了设计质量好、造价低的 PCB,应遵循布线的基本要求。

1)布线基本要求

(1)电气可靠性对布线的要求。

①应尽量降低同一参考点的电路的连接导线的电阻。

②相同长度的导线,导线越宽,电阻越小;导线越厚,电阻越小。

③导线宽度应符合印制导线的电流负载能力要求,并尽可能地保留余量(在设计要求的基础上增加 10% 以上),以提高可靠性。

④每 1 mm 宽的印制导线(铜皮)允许通过的电流为 1 A(35 $\mu$m 的铜箔厚度)。

⑤导线拐角不要用直角或尖角,应采用 45°角或圆角。

(2)印制板工艺对导线的要求。

①导线宽度应尽量宽一些。铜箔线路的铺设应均匀、对称。

②在板子面积许可的情况下,增大导线之间、导线与焊盘之间的距离。

③焊盘尺寸必须大于导线宽度,对焊盘进行扩盘处理,但需注意不同网络之间的安全间距。

另外,关于组件布线的详细叙述,阅读本项目的知识链接。

2)PCB 的布线

在正式走线之前,要对 PCB 的大体格局进行规划,布局规划基本完成,接着开始布线,布线质量决定设计质量。自动布线效率高,但结果很多不尽如人意,手工布线效率低,但能根据用户需要或风格控制导线的放置状态。将自动布线与手工布线相结合,满足用户需求,提高布线效率。

(1)布线前必须设置布线规则。

①线宽。导线尽可能宽,这样既可以减小阻抗,又可以防止由于制造工艺的原因导致导线断路。电源、地线的宽度要大于普通信号线。三者关系为地线>电源线>信号线。

②间距。导线间距离以及导线与元件间距离要尽可能地大,这样可以有效解决焊接时短路的问题。

③过孔大小。过孔大小设定要适中。

④板层。系统默认是双面板,而这里作为单面板来进行布线,所有导线都布置在底层(Bottom Layer)。

(2)测量点、复接点及复接线。

考虑到硬件测试的方便,在 PCB 布板时要留下一些测量点,以便调试之用。使用复接点、复接线方式,利用冗余技术提高稳定。

(3)局部自动布线功能的灵活应用。

通常用户先是对电路板的布线提出某些要求,设计者按这些要求设置布线规则。执行自动布线的操作,在菜单【Auto Route】中执行相应的命令,如图 3 - 26 所示。

【Net】:对指定的网络进行布线。

【Connection】:对指定的焊盘进行焊点对焊点布线。

【Component】:对指定的元件进行布线。

【Area】:对指定的区域进行布线。

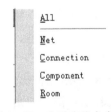

图 3 - 26  自动布线命令

【Room】:对指定的范围进行布线。

【All】:进行整个电路板的布线。

在前面设置好的基础上,执行菜单命令【Auto Route】→【Component】,十字光标移到指定元件 U4 上单击,则与 U4 相连的网络会按设定的布线规则自动连接,如图 3 - 27 所示,因为 U4 中间信号线离 GND 焊盘太近,容易造成短路,所以需要手工进行调整。

图 3 - 27　指定元件连线

(4)手动修改布线。

第一种方法:删除已有布线和重新绘制导线。

单击要删除的导线,该导线出现编辑操作点,按 Delete 键删除导线,恢复到飞线状态,然后重新绘制导线。

第二种方法:沿着需要修改的导线,直接绘制新导线,原有的导线自动被移除。

按 P→L 键,将十字光标移到待修改的对象(焊盘、导线)上(出现八角形)单击,移动鼠标方向,新的导线段也会改变,在合适位置处单击导线固定,在完成新的布线后,原来的多余导线会自动被移除。

建议 PCB 布线的修改,采用第二种方法,直观方便。

对于本电路 PCB 的布线,采用了自动布线和手动布线相结合的方法。先试着几次自动布线,选择相对布线较好的一次,然后观察布线不妥当的地方,拆除一些不适合的布线网络,如舍近求远的网络,不同网络短路等。执行拆除布线的操作,执行菜单【Tools】→【Un-Route】中相应的命令,如图 3 - 28 所示。

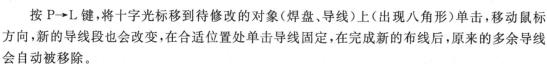

图 3 - 28　拆除布线命令

【All】全部:撤销所有导线。执行此命令,PCB 中的导线全部一次拆除。

【Net】网络:以网络为单位撤销布线。如选择【Net】命令后点击 GND 网络的导线,则撤销所有接地导线。

【Connection】连接:撤销二个焊盘点之间的连接导线。

【Component】元件:撤销与该元件连接的所有导线。

出现十字光标,将其对准指定的对象 Net、Connection、Component,点击鼠标左键,即可拆除。然后,再手动调整布线,往往需要结合元件布局的调整,单面板同层面不同导线尽量不要交叉,顶层跨线尽量少些,PCB 设计结果如图 3 - 29 所示。

观察图 3 - 25 的 PCB 元件布局,及图 3 - 29(a)的 PCB 布线结果。布线过程中又对元件布局作了一些调整,布线离不开布局,往往相互结合。

**温馨提示**:PCB 布线往往不会一步到位,需要耐心操作。同时需要结合 PCB 布局、布线基本要求,不断完善优化 PCB 布局与布线,符合导线精简,电磁抗干扰,安全工作,组装方便与规范,美观、经济的原则。

另外,平时应多加积累 PCB 的设计经验,学习 PCB 设计相关行业、企业经验。

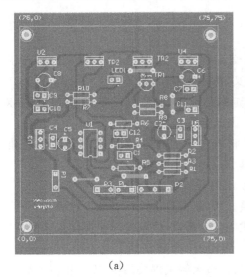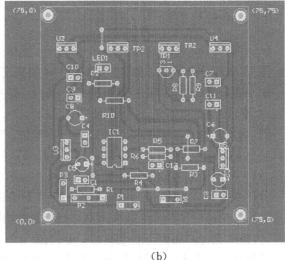

(a)　　　　　　　　　　　　　　　(b)

图 3-29　不同设计者耳放电路 PCB 布线

# 知识链接　PCB 布局布线基本原则

## 1. 电路组件布局基本原则

(1)遵照"先大后小,先难后易"等的布置原则,即重要的单元电路、核心元器件应当优先布局。按电路模块进行布局,电路模块中的组件应按照就近集中原则进行布局。

(2)发热组件不能紧邻导线和热敏组件,高热器件要均衡分布。

(3)元器件的外侧距板边的距离为 5 mm。

(4)金属壳体元器件和金属件(屏蔽盒等)不能与其他元器件相碰,不能紧贴印制线、焊盘,其间距应大于 2 mm。定位孔、紧固件安装孔、椭圆孔及板中其他方孔外侧距板边的尺寸大于3 mm。

(5)卧装电阻、电感(插件)、电解电容等组件的下方避免布过孔,以免波峰焊后过孔与组件壳体短路。

(6)电源插座要尽量布置在印制板的四周。电源插座及焊接连接器的布置间距应考虑方便电源插头的插拔。

注意:不要把电源插座及其他焊接连接器布置在连接器之间,以利于这些插座、连接器的焊接及电源线缆设计和扎线。

(7)有极性器件在同一 PCB 的极性标示方向尽量保持一致,当极性标示出现两个方向时,两个方向互相垂直。

(8)合理布置电源滤波/退耦电容:一般在原理图中仅画出若干电源滤波/退耦电容,但未指出它们各自应接于 PCB 的何处。其实这些电容是为开关器件(门电路)或其他需要滤波/退耦的元器件而设置的,布置这些电容就应尽量靠近这些元器件引脚附近,离得太远就没有作用。

### 2. 组件布线规则

(1)组件布线。要有合理的走向：如输入/输出，交流/直流，强/弱信号，高频/低频，高压/低压等，走向应该是呈线形的(或分离)，不得相互交叉，防止相互干扰。

最好的走向是直线，但一般不易实现；最不利的走向是环形，但可以设隔离带来改善。对于直流、小信号、低电压的 PCB 设计要求可以低些。因此走线合理是相对的。

(2)线条有讲究。有条件做宽的线决不做细；不得有尖锐的倒角，拐弯也不得采用直角。地线应尽量宽，最好使用大面积敷铜，这对接地点问题有相当大的改善。

(3)有些问题虽然发生在后期 PCB 制作中，但由 PCB 设计带来，比如：

①过线孔太多，沉铜工艺稍有不慎就会埋下隐患。所以，设计中应尽量减少过线孔。

②同向并行的线条密度太大，焊接时很容易连成一片。所以，线密度应视焊接工艺的水准来确定，条件允许时加大导线之间的安全间距。

③焊点的距离太小，不利于人工焊接，只能以降低工效来解决焊接品质，否则将留下隐患。所以，焊点的最小距离的确定应综合考虑焊接人员的素质和工效。

④焊盘或过线孔尺寸太小，或焊盘尺寸与钻孔尺寸配合不当。前者对人工钻孔不利，后者对数控钻孔不利。容易将焊盘钻成"c"形，重则钻坏焊盘。

⑤导线太细，而大面积的未布线区又没有设置敷铜，容易造成腐蚀不均匀。即当整块 PCB 其他未布线区腐蚀完后，细导线很有可能腐蚀过头，或似断非断，或完全断。所以，设置敷铜的作用不仅仅是增大地线面积和电磁抗干扰。

PCB 布线质量直接关系到电路板的品质和将来产品的可靠性，因此应严格按照组件布线规则来进行合理布局。

# 实践训练　数字频率计的制作

一款数字频率计，如图 3-30 所示，实现技术指标如下。

①频率测量范围：1～9999 Hz。

②输入电压幅度：>20 mV。

③输入信号波形：方波、三角波、正弦波、锯齿波。

④显示位数：4 位

⑤量程：×1 挡。

1)具体任务要求

(1)绘制电路图，如图 3-30 所示。

本电路中比较运放 LM833 内含 2 个子单元；74LS00 内含 4 个二输入与非门电路；74LS123 为内部含 2 个可以重触发的单稳态触发器。关于复合元件子元件的放置，参阅本项目的知识链接。制作 74LS123 复合元件的子件，参看本项目的技能链接。

电路原理图连线，注意各单元电路之间的网络标号。运用网络标号连接各单元电路。

(2)设计单面 PCB，规格为 10 mm×15 mm。一般导线为 30 mil，电源、地线为 40 mil，PCB 设计参考效果如图 3-31 所示。

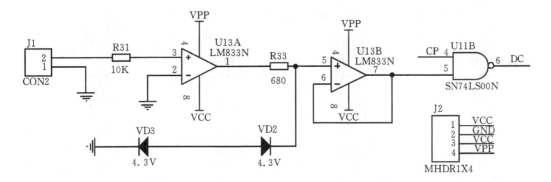

（a）被测信号经放大、整形电路变成计数器要求的脉冲模块

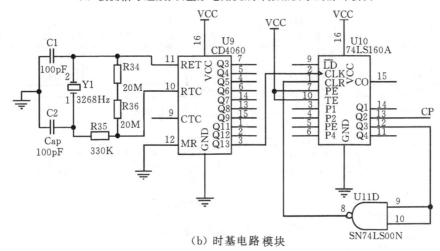

（b）时基电路模块

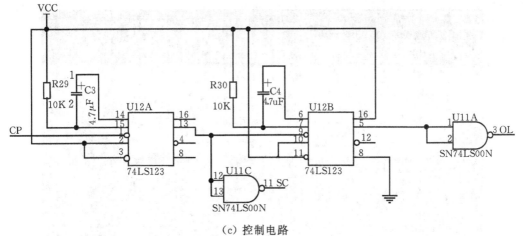

（c）控制电路

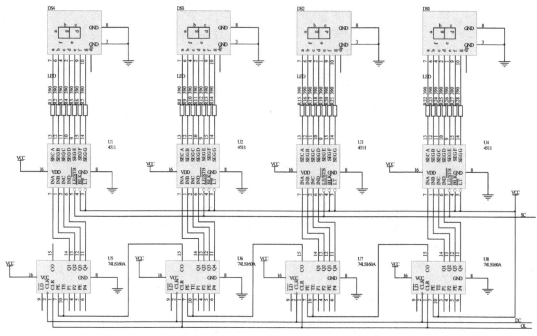

（d）计数、译码、显示电路模块

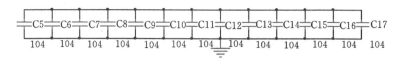

（e）电源滤波

图 3-30　数字频率计电路图

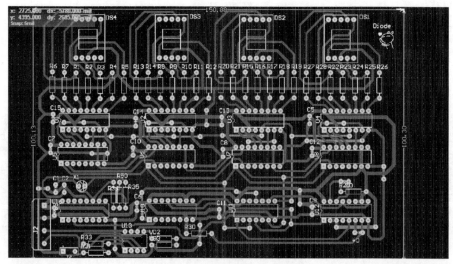

图 3-31　数字频率计 PCB 的设计

（3）装配调试后的成品，如图 3-32 所示。

图 3-32　数字频率计成品

2）操作步骤提示

（1）新建项目，项目中新建 SCH 文件和 PCB 文件，并保存。

（2）元件的放置，尤其注意含有子件的元件，同一元件不同子件编号都相同，仅以最后字母区分（自动产生），否则 PCB 设计时会严重浪费元器件，增加成本，而且电路不简洁。关于子元件的选择和制作，参看本项目的知识链接和技能链接。

（3）原理图导线连接要正确，不该产生节点的不能产生，需要的地方自己放上。并且注意无形导线网络标号的放置，一定放在导线上。

（4）整张电路元件编号唯一，电气特性正确无误。

（5）根据实物要求选择封装，比如实物数码管，根据实物管脚检测功能，确定好封装，保证与原理图元件电气特性一致。

（6）将原理图装入到 PCB 文件中，有错的地方必须修改，将原理图同步更新到 PCB 图中去。

（7）规划电路板。

（8）元件布局，注意集成块抗干扰去耦电容应尽量靠近归属元器件的电源引脚与接地的旁边，离得远了就不起作用。

（9）布线规则设置。

（10）自动布线与手工布线结合，优化 PCB 设计。

（11）PCB 图打印，热转印制作板子。

（12）元件装配、调试，实现产品功能。

## 知识链接　数字集成块不同单元的选择

74LS00 内部包含有四个相同的与非门，其逻辑功能相同，仅各个门电路使用的管脚编号不同而已，它们共用电源脚（VCC），接地脚（GND），其外形和内部结构如图 3-33 所示。

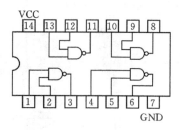

(a)74LS00 实物图　　　　　　　　　(b)74LS00 内部结构和管脚排列

图 3-33　74LS00 的内部结构和管脚排列图

在原理图绘制时,集成块 74LS00 并不是以图 3-33 的形式出现,而是以子元件形式出现。74LS00 集成块在库中对应有 Part A、Part B、Part C、Part D 四个子单元,如图 3-34(a)所示,从库中调用子元件到原理图中,如图 3-34(b)所示,后缀字母 A、B、C、D 分别表示对应的单元,后缀子母由系统自动加上,绝对不能人为添加。

充分利用同一片集成块的不同单元,只有当一片上的子单元全部用完,再考虑使用另一片集成块,不同集成块用不同编号来区分。同一片集成块上的不同单元使用同一个元件编号,比如 U1,各子单元 U1A、U1B、U1C、U1D,是以元件管脚编号不同来区分的,如图 3-34(c)所示,与实际集成块管脚相对应,并且在 PCB 设计中是以实物集成块的形成出现的,对应的元件编号为 U1。

各子单元的电源 VCC 和接地 GND 管脚都被隐藏掉了。比如,要显示 U1A 隐藏的管脚,双击 U1A,在显示隐藏管脚设置中勾选中,如图 3-35(a)所示,U1A 的 7 脚和 14 脚即会显示,如图 3-35(b)所示。

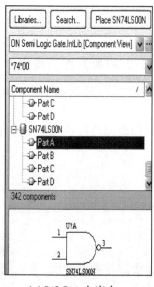

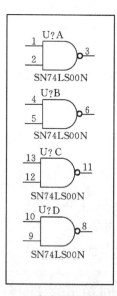

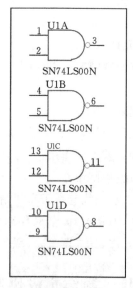

(a)74LS00 在库中　　　　(b)库中调用图纸　　　　(c)给元件编号

图 3-34　74LS00 原理图符号

（a）显示隐藏管脚设置　　　　　　　（b）子单元隐藏管脚显示

图 3-35　隐藏管脚显示设置

另外,各子元件已放置到电路图上,如果要使用集成块的不同单元,双击子元件弹出属性框,利用如图 3-36 所示的按钮,修改 Part 参数值即可。图中"Part 3/4"表示集成块有 4 个单元,当前使用的是第 3 单元,图中元件编号后加"C"加以区分。

图 3-36　利用按钮更改 Part 参数

①本数字频率计电路中用 4 个 74LS00 子单元,对应一片 74LS00 芯片,选用封装DIP-14。

②比较运放集成块 LM833 有两个子单元,一片 LM833 芯片,选用封装 DIP-8。

③ 74LS123 锁存芯片有两个子单元,一片 74LS123 芯片,选用封装 DIP-16。

如果元件在库中没有查到,则需要自建元件。

# 技能链接　制作原理图元件

在绘图过程中,常会遇到在元件库中找不到元件,制作及对现有元件进行修订是绘图时的基本操作。

下面以制作 SN74LS123 元件为例,先来查看 SN74LS123 内部结构、引脚功能及分布,如图 3-37 所示。

1)制作规划

(1)该集成块由 2 个子单元组成。

(2)第 1 子单元关联的引脚有 1、2、3、4、13、14、15。

(3)第 2 子单元关联的引脚有 5、6、7、9、10、11、12。

(4)VCC 及 GND 引脚可作为与任一单元关联的引脚,并选择隐藏。

(5)电气符号要较好地描述引脚的性质。

基于上述分析,制作如图 3-38 所示的复合元件的子元件。

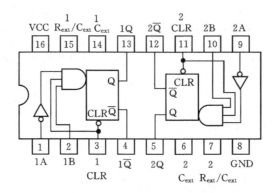

图 3-37　SN74LS123 内部结构、引脚功能及分布

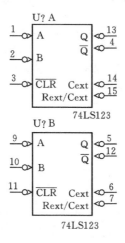

图 3-38　期望的 SN74LS123 的电气符号

2)操作步骤

(1)新建电气符号库。

方法一:执行菜单命令【File】→【New】→【Library】→【Schematic Library】,新建元件符号库(.SchLib),命名并保存好。

方法二:在原理图绘制过程中,已放置了一些元件,首先产生原理图元件库,然后在库中添加元件。执行菜单命令【Design】→【Make Schematic Library】,产生原理图元件编辑库,如"数字频率计.SchLib1"。

(2)新建元件,并命名为 74LS123。

双击产生的元件库,并在项目控制面板底部,找到【SCH Library】标签并单击,进入元件库编辑器。

执行【Tools】→【New Component】菜单命令,在弹出的对话框中输入元件名称"74LS123"再点击【OK】按钮。

(3)将元件体图形定位在编辑界面坐标中心至第四象限,借助矩形框工具绘制元件体,大小适当。

(4)放置元件引脚,并按 Tab 键设置引脚属性。如引脚 3 的属性设置,如图 3 - 39 所示。

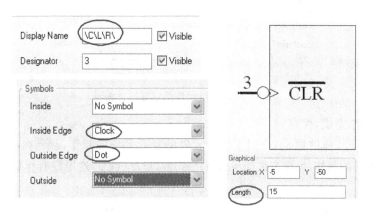

图 3 - 39　设置元件引脚属性

①电气符号包含引脚名和引脚编号两种基本信息。

②引脚名称带有上划线的,应该正确标识。在需加上划线的每个字符后输入"\"即可。

③引脚编号与实际元件的编号相对应,对于集成电路的引脚有约定的编号方法。

④引脚的电气类型,可以在下拉表中选择,Dot 表示低电平有效。

(5)引脚有电气特性的一端朝向实体外面,否则原理图中元件引脚连线,并无电气特性。
依次放置其他引脚,完成子件绘制。

(6)复制子件。

(7)添加子件,执行菜单命令【Tools】→【New Part】,如图 3 - 40 所示。

(8)在元件列表框中选择【Part B】,执行粘贴,将 Part A 的电气符号粘贴至编辑区的第四
象限附件中。

(9)对当前 Part B 引脚编号进行修订,完成 7 只引脚编号的对应修改。

(10)在 Part A、Part B 元件体外缘的适当地方,分别放置 VCC 及 GND 引脚,并设置为隐
藏。如图 3 - 41 所示。

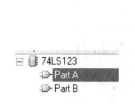

图 3 - 40　新建子元件

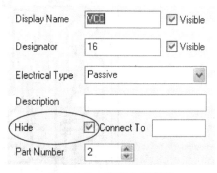

图 3 - 41　隐藏电源管脚

(11)完成子件绘制。

(12)双击图 3 - 40 中的 74LS123,在弹出的属性框中输入"U?",如图 3 - 42 所示,便于绘
图编号。

图 3-42　制作元件确定好默认编号

(13)元件制作完成,保存。

以上通过一个具体的例子,介绍了带子元件的复合元件的制作,起到抛砖引玉的作用。

关于普通元件的制作,操作方法同步骤(1)～(5),(11)～(12),这里没有作举例讲解,请学生自己实践。

①制作电磁继电器。

②制作 89C51,其中 89C51 在项目 5 中作为主控芯片,有较为详细的叙述。

# 专题Ⅱ——电路 PCB 热转印工艺制作

## 任务 1　PCB 图的打印输出

对于单面板的制作,通常需要打印 2 份图纸,一份是底层的布线情况,一份是顶层丝印层的元件布局情况。底层图纸配置为"底层+禁止布线层",元件装配图为"顶层+顶层丝印层+禁止布线层"。具体操作步骤如下:

1)打印预览 PCB 图

打开 PCB 图,执行菜单命令【File】→【Print preview】弹出打印预览框,可以预览和设置PCB 板层的打印效果,如图 3-43 所示。

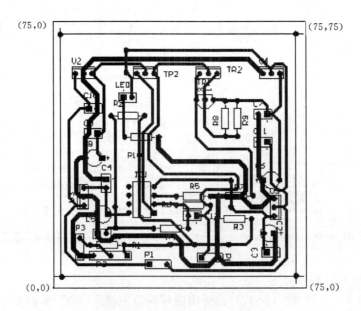

图 3-43　PCB 文件打印预览

2)打印图层预览及配置

在预览 PCB 图纸中心单击鼠标右键,在弹出浮动框中,执行【Configuration...】,弹出如图 3-44 所示的打印层面设置对话框,有一个名为【Multilayer Composite Print】(多层复合打印)的打印任务。

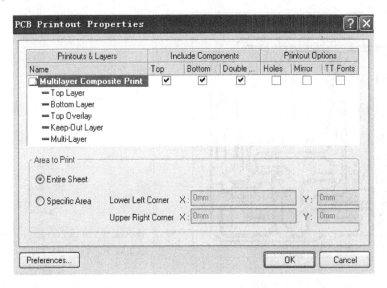

图 3-44　打印层面对话框

(1)将当前打印任务设为【Bottom Layer】(底层),为此需要删除其他无关的 3 个板层,即【Top layer】(顶层)、【Top Overlay】(顶层丝印层)和【Multi-Layer】(复合层)。

先删除顶层,在【Top Layer】上右击,弹出快捷菜单,点击【Delete】命令,系统弹出确认提示框,单击【Yes】按钮,顶层被删除。

用同样的方法删除【Top Overlay】(顶层丝印层)及【Multi-Layer】(复合层),此时只剩下【Bottom Layer】(底层)和【Keep-Out Layer】(禁止布线层),如图 3-45 所示。

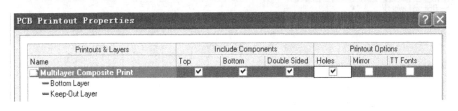

图 3-45　底层配置后结果

将图 3-45 中 PCB 的钻孔(Holes)显示打勾,以便更接近于真实的 PCB 视图,也便于后续钻孔的需要。在图 3-45 框中点击【OK】,底层布线打印预览效果如图 3-46 所示。

从图 3-46 预览可以看出,焊盘的环宽不够,需要加大。

比较快捷的操作方法是:产生项目 PCB 元件库,在 PCB 元件库编辑界面,对于同类型的焊盘,适当采用全局属性修改焊盘内、外径。修改完毕,执行【Tools】→【Update PCB With All Footprints】,如图 3-47 所示,将修改过的所有封装更新到 PCB 图中,往往这时会出现绿色错误,局部调整修改布线,然后同步更新到原理图中。这是一种补救加大 PCB 元件焊盘环宽的方法。

（2）增加顶层元件装配图的打印。

在预览 PCB 图纸界面时，在任意空白区域单击鼠标右键，点击【Configuration...】，回到 PCB 打印图纸界面（见图 3-45），在任意空白区域右击，弹出快捷菜单，选择【Insert Printout】（插入层）命令，新建默认名为【New Printout 1】的打印任务，如图 3-48 所示。

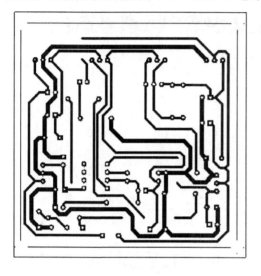

图 3-46　底层打印预览效果

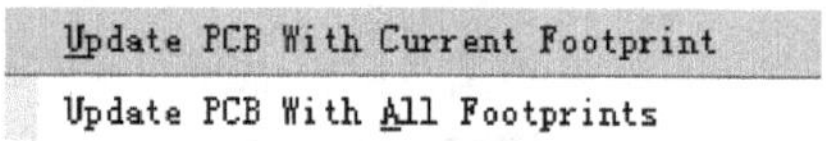

| Update PCB With Current Footprint |
| Update PCB With All Footprints |

图 3-47　更新元件封装到 PCB 图

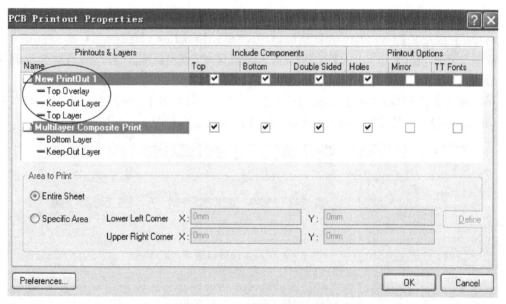

图 3-48　打印任务的板层配置

为该任务添加具体的板层，右击【New PrintOut 1】弹出快捷菜单，选择【Insert Layer】命令，系统弹出板层属性设置对话框，在【Print Layer Type】下拉列表框中，选择【Top Layer】，单击【OK】，如图 3-49 所示。此时顶层已经被添加到当前任务中。

使用同样方法，分别将顶层丝印层、禁止布线层添加到当前任务中，结果如图 3-48 所示。

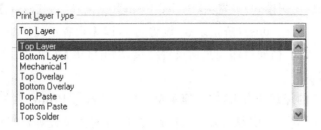

图3-49　在【Print Layer Type】中选择添加层

在打印预览窗口,可以看到2个打印任务的打印效果图,如图3-50所示。可以通过按Page Up 或 Page Down 键进行放大或缩小预览打印效果图。

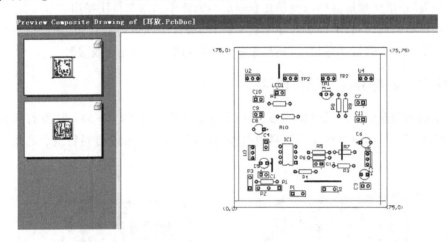

图3-50　打印任务的预览

3)打印

(1)纸张设置。

在预览 PCB 图纸中心单击鼠标右键,在弹出的浮动菜单中,如图3-51所示。执行【Page Setup...】菜单命令,将弹出设置纸张对话框,如图3-52所示,将 PCB 图1:1输出(按设计的原图尺寸)。

图3-51　设置纸张对话框

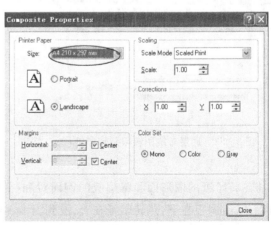

图3-52　按1:1比例输出 PCB

将【Scale Mode】(比例模式)设置为【Scaled Print】(比例打印);【Scale】(比例系数)设置为1,即1∶1的比例;【Corrections】(矫正系数)设置为1,即无须矫正;【Color Set】(色彩设置)为【Mono】(单色);A4 幅面;横向打印。页面设置结束,单击【OK】按钮返回打印预览窗口。

(2)打印机设置。

在打印预览窗口的任意处右击,在快捷菜单中选择【Setup Printer】(打印机设置)选项,系统弹出打印机设置对话框,其中包括打印机选择、打印机属性设置等,如何设置取决于设备的配置状况及打印的意愿。在【Print Range】(打印范围)选项组中,点击【Current Page】(当前页)单选按钮,打印预览窗中高亮显示任务。在打印预览窗的任意处右击,选择【Print】选项,系统再次弹出打印机设置对话框,单击【OK】按钮,即可分别打印焊接面"底层+禁止布线层",元件装配图为"顶层+顶层丝印层+禁止布线层",完成单面板的打印输出。

关于双面板的打印,在单面板打印配置上,布线层打印预览还要打印"顶层信号层+禁止布线层",如果元件有焊接在底层的,还要配置"底层丝印层+禁止布线层"。

## 任务2　热转印法制作 PCB

热转印法利用激光打印机先将图形打印到热转印纸上(见图3-53),注意打印面必须是热转印纸的光膜面。再通过热转印机将图形转印到覆铜板上,形成由墨粉组成的抗腐蚀图形(见图3-54)。

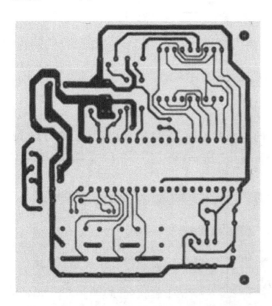

图3-53　底层布线图转印到转印纸

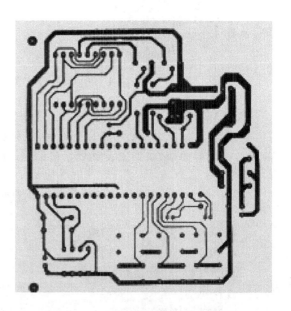

图3-54　底层布线图转印到覆铜板

将热转印纸的图形面和覆铜板的铜面对和(见图3-55),认真仔细对好图形在覆铜板上的准确位置,铜板在下,热转印纸在上,放到温度180°左右的热转印机转印(见图3-56),要多过几遍以保证转印质量。转印结束后待板子冷却,再撕去转印纸,其效果如图3-54所示。

图 3-55　转印图和覆铜板对和

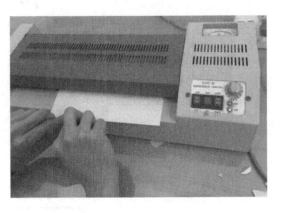

图 3-56　送到热转印机

对图 3-54 腐蚀,采用盐酸和双氧水做腐蚀液,千万不要过度腐蚀。腐蚀完成后,清洗掉油墨后再用台钻打孔,最后制作出的板子,如图 3-57 所示。

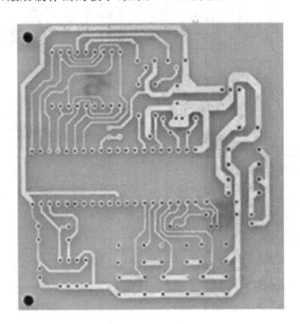

图 3-57　制作出的板子

热转印法制作单面板,电路 PCB 热转印工艺制作流程,如图 3-58 所示。

单面 PCB 采用热转印工艺制作,适当加大焊盘环宽,增加导线之间的间距,就非常容易制作成功。

把热转印法应用到双面板上,通常分两次腐蚀,特别注意要将另一面用宽胶带贴好,以保护双层电路板的未腐蚀部分。做板子的另一面,关键是引脚定位孔,先将第一面腐蚀好后的四角定位孔钻透,然后把另一面图纸用小细杆定位好,继续腐蚀,宽胶带贴好已腐蚀好的那面。最后将腐蚀好的板子放在亮处查看,每个焊盘和过孔是否对齐,适当地检查和修补。显然,热转印法制作双面板的难度相对较大,关键是定位孔对准的问题。

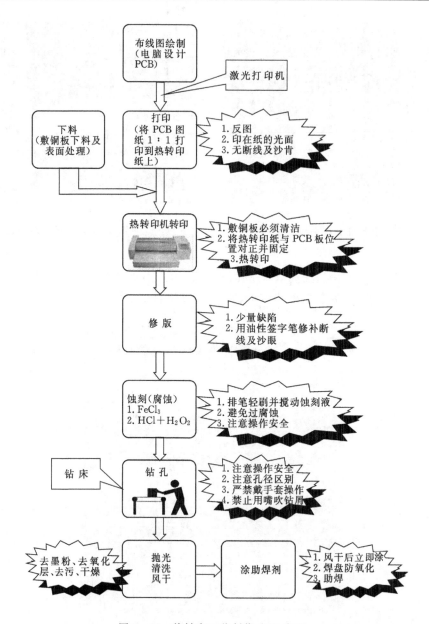

图 3-58　热转印工艺制作 PCB 流程

**温馨提示:**在转印过程中,尽可能地不使用胶带,特别是严禁让胶带直接粘在敷铜板面上,尝试过很多胶带包括耐高温胶带,多少都会在铜板上留下残胶,造成腐蚀不干净。

# 项目4　多数表贴式元件的红外反射循迹电路双面 PCB 设计

## 项目描述

　　TCRT5000 传感器的红外循迹模块,如图 4-1 所示,当模块检测到前方障碍物信号时,电路板上开关指示灯点亮,D0 端口持续输出低电平信号。可通过电位器旋钮调节检测距离,有效距离范围为 2～30 mm,工作电压为 3.3～5 V。该电路被广泛应用于机器人避障、避障小车、流水线计数及黑白线检测等众多场合。

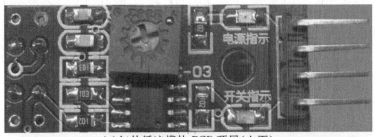

(a)红外循迹模块 PCB 顶层(上面)

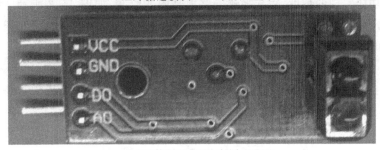

(b)红外循迹 PCB 底层(下面)

图 4-1　含多数表贴式元件的 1 路红外循迹模块

　　电路模块原理图如图 4-2 所示。TCRT5000 传感器具有一对红外线发射与接收管。红外线发射二极管不断发射出一定频率的红外线,当发射出的红外线没有被反射回来或被反射回来但强度不够大时,光敏三极管一直处于关断状态,此时模块的输出端为高电平,输出指示二极管一直处于熄灭状态。

　　当检测方向遇到障碍物(反射面)时,红外线被反射回来且强度足够大,被接收管接收,光敏三极管饱和,信号输出接口输出数字信号(一个低电平信号),而经过 ADC 转换或 LM393 等电路整形后得到处理后的输出结果。经过比较器电路处理之后,指示二极管被点亮,此时模块的输出端为低电平。

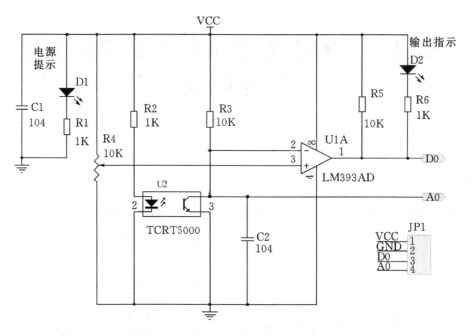

图 4 - 2　循迹传感器 TCRT5000 电路原理图

# 任务提出

　　请从产品功能实现的角度,完成循迹电路原理图的绘制,如图 4 - 2 所示。结合成品效果图 4 - 1,小板子尺寸为 31 mm×15 mm,进行红外循迹双面 PCB 设计,设计出符合实际工艺制作和电气性能的 PCB 图,如图 4 - 3 所示。

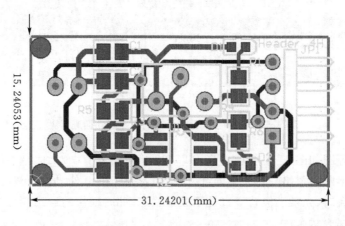

图 4 - 3　双面 PCB 图的设计

# 任务要求

1．绘制循迹传感器 TCRT5000 电路原理图。

(1)原理图的绘制,元件编号唯一,标注清楚。

(2)创建并阅读网络表。

(3)制作元器件清单报表。

2．确定合适的元件封装。

根据电路要求,确定实物元件封装,电路中既有贴片元件,又有直插元件。贴片封装设计的原则。

3．PCB 边框绘制,规格 31 mm×15 mm。

4．原理图元件封装和网络同步更新到 PCB 中。

5．元件布局与布线。

(1)确定元件布局方案。

TCRT5000 元件放在底层,其他放在顶层完成元件的布局。

(2)PCB 双面布线,导线粗细 20 mil,元件安全间距 10 mil。

(3)自动布线与手动调整相结合,掌握双面板布线过孔的快捷操作。

# 任务分析

原理图方面,本项目中主要涉及网络表和元器件清单报表。考虑到电路中多数元件采用贴片,基于常用元器件封装确定的基础上,一起探讨贴片元件封装的确定。

PCB 设计中,元件布局方面,首次使用了底层元件的布局。在布线方面,双面 PCB 两面间的导线要连接,必须要在两面间有适当的电路连接,这种电路间的桥梁叫导通孔(过孔,via)。由于 PCB 板子面积的限制或者走线比较复杂,会考虑将过孔打在贴片元件的焊盘上,但在焊盘上打过孔的方式容易造成贴片元件的虚焊,Protel 里面有 Fan out 规则,禁止把过孔打在焊盘上。传统工艺禁止这么做,因为焊锡会流到过孔里面。现在有微过孔和塞孔两种工艺允许把过孔放到焊盘上,但非常昂贵,最好咨询 PCB 厂商。还要看厂家的加工精度,一般机器贴片是绝对不能将过孔放到封装的焊盘上去的。当然,采用手工焊接是没有问题的。PCB 设计先知道生产工艺,才有利于如何去设计 PCB 图,使得设计出的 PCB 图满足工艺制作和电路电气性能的要求。

# 任务实施

## 任务1　TCRT5000 原理图的绘制

表 4-1 给出了图 4-2 红外模块电路原理图的元件清单,便于读者绘制电路。

表 4 - 1　电路图元件属性

| 名称 | 编号 | 规格大小 | 库元件名 | 封装 | 数量 |
|---|---|---|---|---|---|
| 电容 | C1, C2 | 104 | Cap | 2012-0805 | 2 |
| 发光二极管 | D1, D2 | | LED0 | DSO - F2/D3.4 | 2 |
| 电阻 | R1, R2, R6 | 1K | Res2 | CR2012 - 0805 | 3 |
| 电阻 | R3, R5 | 10K | Res2 | CR2012 - 0805 | 2 |
| 电位器 | R4 | 10K | Res Tap | 自做 | 1 |
| TCRT5000 | U2 | TCRT5000 | Optoisolator1 | 自做 | 1 |
| 以上元器件所在库：Miscellaneous Devices. IntLib(杂向混合库) | | | | | |
| 比较器 | U1 | | LM393AD | SO8 或 SO - G8 | 1 |
| LM393 所在库：ST Analog Comparator. IntLib(模拟比较器库) | | | | | |
| 4 头接插口 | JP1 | | Header 4H | HDR1X4H | 1 |
| Miscellaneous Connectors. IntLib(接口杂项库) | | | | | |

　　表 4 - 1 中的 3 个元件库必须加载到当前库元件列表下。关于放置、编辑元件，调整元件位置等，请参考前面项目的操作。

　　图 4 - 2 中放置 Port 端口，属性框【style】有上下左右等选项，I/O 类型有输入输出之分，【Name】项中输入网络名称"D0"，它是和网络标号一样有电气特性的，端口 D0、A0 与 JP1 的端口 D0、A0(网络标号)是相连的。简化电路连接，用网络标号表示。

## 任务2　电路实际元器件及其封装

### 1. 表面贴装元件的认识

　　电路板元件密度不断提高，不断改进元件的封装技术，缩小元件的体积，由此产生了表面贴装元件 SMD(Surface Mounted Devices)。由于贴片元件体积小，通常没有管脚或管脚非常细小精密，工厂批量加工生产采用先进的表面贴装回流焊接技术。在采用和实施 SMT(Surface Mounted Techonology)过程中，元器件的质量和可靠性仍是关键问题。

　　片式元器件与穿插式元器件封装，有较大的区别。贴片元件无管脚或管脚非常细小，管脚无法穿过电路板，因此，焊盘不再需要中间的焊盘孔，焊盘不再位于复合多层中，而直接位于信号层(顶层或底层)中。

### 2. 贴片电阻、贴片电容、贴片二极管及其封装

　　1)贴片电阻及其封装

　　贴片电阻外形如图 4 - 4 所示，小的只有芝麻般大小，没有管脚，两端白色的金属端直接通过金属膏与电路板表面的焊盘相接。

　　常见贴片电容的封装如图 4 - 5 所示，取自于 Miscellaneous Devices. IntLib 封装库中。

　　图 4 - 5 封装尺寸的解读以 CR2012 - 0805 为例作一介绍。

图 4 - 4　贴片电阻

CR2012-0805
CC1608-0603
CR1608-0603
CC1005-0402

CC3225-1210
CR3225-1210
CR5025-2010
CR6332-2512

图 4 - 5　贴片电阻封装

公制封装图尺寸:2012。

英制封装图尺寸:0805。

数字前两位表示焊盘间距,后两位表示焊盘宽度。08 表示焊盘间距是 0.08 英寸,即 80 mil(约为 2 mm);05 表示焊盘宽度 0.05 英寸,即 50 mil(1.2 mm)。

1000 mils = 1 inch(英寸)、1 inch=2.54 cm(厘米)。

0805 封装尺寸图如图 4 - 6 所示。

常见贴装元器件焊盘设计图解,如图 4 - 7 所示。焊盘的长度 $B$ 等于焊端(或引脚)的长度 $T$,加上焊端(或引脚)内侧(焊盘)的延伸长度 $b_1$,再加上焊端(或引脚)外侧(焊盘)的延伸长度 $b_2$,即 $B=T+b_1+b_2$。

其中 $b_1$ 的长度约为 0.05～0.6 mm,$b_2$ 的长度约为 0.25～1.5 mm,主要以保证能形成最佳的弯月形轮廓的焊点为宜,对于 SOIC、QFP 等器件还应兼顾其焊盘抗剥离的能力。

表面贴装元器件的焊接可靠性,主要取决于焊盘的长度而不是宽度。焊盘的宽度 $A$ 应等于或稍大(或稍小)于焊端(或引脚)的宽度 $W$。

因此,选用或调用焊盘图形尺寸资料时,应与自己所选用的元器件的封装外形、焊端、引脚等与焊接有关的尺寸相匹配。查选或调用焊盘图形尺寸时,应分清自己所选的元器件及其代码(如片状电阻、电容)和与焊接有关的尺寸(如 SOIC、QFP 等)。

电阻的封装尺寸,可以根据功率大小来选取。

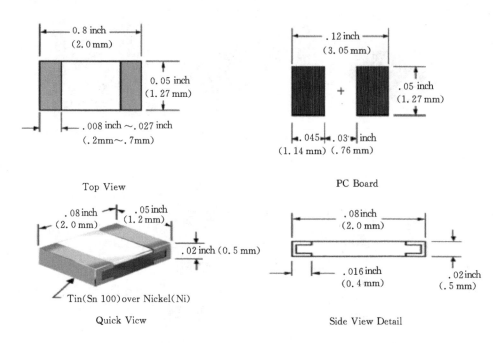

图 4-6　贴片电阻规格,0805 元件实物结构三维图及 PCB 图确定

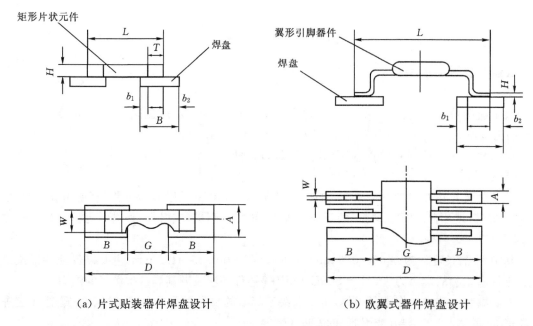

（a）片式贴装器件焊盘设计　　　　　　　（b）欧翼式器件焊盘设计

图 4-7　常用贴装元器件焊盘设计

2）贴片电容及其封装

贴片电容的外形如图 4-8 所示,外观体积和传统的穿插式电阻、电容比较而言非常细小,已经没有元件管脚,两端白色的金属端直接通过锡膏与电路板的表面焊盘相接。

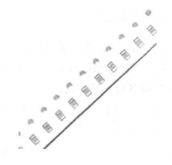

图 4-8 贴片电容

贴片电容有中高压贴片电容和普通贴片电容,贴片电容的系列型号有 0402、0603、0805、1206、1210、1808、1812、2010、2225、2512。贴片电容和贴片电阻在外形上非常相似,所以它们可以采用相同的封装。封装位于 Miscellaneous Devices. IntLib 和 Chip Capacitor-2 Contacts. PcbLib 库中。无极性电容以 0805、0603 两类封装最为常见。电容本身的大小与封装形式无关,封装与标称功率有关。

**温馨提示**:电阻和无极性电容相仿,最为常见的有 0805、0603 两类,不同的是,电阻可以以排阻的身份出现,四位、八位都有。

3)贴片二极管及其封装

常用贴片二极管和封装图如图 4-9 和图 4-10 所示。一般有标志的、引脚小的、短的一边是阴极(即负极),尺寸小的 0805、0603 的封装在底部有"T"字形或倒三角形符号,"T"字一横的一边是正极;三角形符号的"边"靠近的极性是正极,"角"靠近的是负极。

封装位于默认路径下的 Small Outline Diode-2 Gullwing Leads. PcbLib 封装库中。常用的封装形式有:0805、1206、0402、0603、1210。

根据所承受电流的限度,封装形式大致分为两类,小电流型(如 1N4148)封装为 1206,大电流型(如 IN4007)暂没有具体封装形式,用游标卡尺测量一下,或者知道型号,计算出尺寸大小。

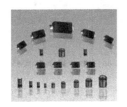

图 4-9 常用贴片二极管

图 4-10 常用贴片二极管封装

### 3. 贴片集成块封装

以 IC 的封装形式来划分其类型,传统 IC 有 SOP、SOJ、QFP、PLCC 等,现在比较新型的 IC 有 BGA、CSP、FLIP CHIP 等。由于 PIN(零件脚)数、大小以及 PIN 与 PIN 之间的间距不一样,而呈现出各种各样的形状。

(1)SOP(Small outline Package):元件的两面有对称的管脚,管脚向外张开(鸥翼型管脚),如图 4-11 所示。SOP 是一种贴片的双列封装形式,几乎每一种 DIP 封装的芯片均有对应的 SOP 封装,与 DIP 封装相比,SOP 封装的芯片体积大大减少。

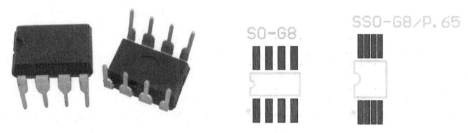

图 4-11　SOP 封装的元器件外形及封装图(LM393)

SOP 是普及最广的表面贴装封装。引脚中心距为 1.27 mm,引脚数大 8~44 范围之内。另外,引脚中心距小于 1.27 mm 的 SOP 也称为 SSOP(缩小型 SOP 封装);装配高度不到 1.27 mm 的 SOP 也称为 TSOP(薄小尺寸封装)。

关于欧翼式集成贴装器件焊盘设计,参阅图 4-7。

2)SOJ(Small outline J-lead Package):即 J 型引脚小尺寸封装,如图 4-12 所示。引脚从封装主体两侧引出向下呈 J 字形,直接黏贴在 PCB 的表面。其封装库位于 PCB 库下 Small Outline with J Leads. PcbLib 封装库中。

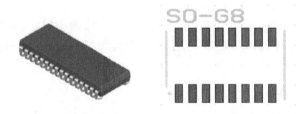

图 4-12　SOJ 封装的元件和封装

(3)QFP(Quad Flat Package):元件四边有脚,元件脚向外张开,如图 4-13 所示。管脚数目较多,而且管脚距离也很短。位于 QFP(±0.6 mm Pitch, Square)-Corner Index. PcbLib、QFP(±0.6 mm Pitch, Square)-Centre Index. PcbLib、QFP-Rectangle. PcbLib 封装库中。

(4)PLCC(Plastic Leaded Chip Carrier):元件四边有脚,元件脚向元件底部弯曲,如图 4-14 所示。PLCC 封装库位于 Leaded Chip Carrier(Square)-Corner Index. PcbLib、Leaded Chip Carrier(Square)-Centre Index. PcbLib、Leaded Chip Carrier-Rectangle. PcbLib 封装库中。

(5)BGA(Ball Grid Array):零件表面无脚,其脚成球状矩阵排列于元件底部。如图 4-15 所示。BGA 封装库位于 BGA(1.5 mm Pitch, Square). PcbLib、BGA(1.27 mm Pitch, Square). PcbLib、BGA(±0.6 mm Pitch, Square). PcbLib 封装库中。

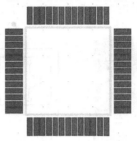

图 4-13　QFP 封装的元件和封装

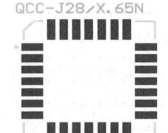

图 4-14　PLCC 封装的元件和封装

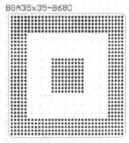

图 4-15　汽车电脑板 CPU 芯片 BGA 封装

管脚网格阵列封装 PGA(Pin Grid Array)与 BGA 封装结构很相似,其管脚引出元件底部并矩阵式排列,是目前 CPU 的主要封装形式。

另外,Corner Index 表示第一脚从封装的左上角开始,而 Centre Index 表示第一脚从封装的顶边中心开始,Rectangle 表示封装为矩形,Square 表示封装为正方形。

对于贴片元件,相邻元器件焊盘之间间隔不能太近,建议按下述原则设计。

①PLCC、QFP、SOP 各自之间和相互之间间距≥2.5 mm。

②PLCC、QFP、SOP 与 Chip、SOT 之间间距≥1.5 mm。

③Chip、SOT 相互之间间距≥0.5 mm。

## 4. TCRT5000 元件及其封装

插脚 TCRT5000 红外反射传感器元件实物如图 4-16 所示。TCRT5000(L)具有紧凑的结构发光灯和检测器安排在同一方向上,利用红外光谱反射对象存在另一个对象上,操作的波长约是 950 mm。探测器由光电晶体三极管组成。

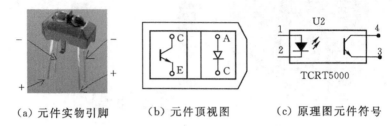

（a）元件实物引脚　　　　（b）元件顶视图　　　　（c）原理图元件符号

图 4 - 16　TCRT5000 实物元件及原理图元件符号

关于 TCRT 元件非典型封装,参考 Datasheet 的封装尺寸图,如图 4 - 17 所示,Dimensions of TCRT5000 in mm,自己绘制或者选择合适的封装。

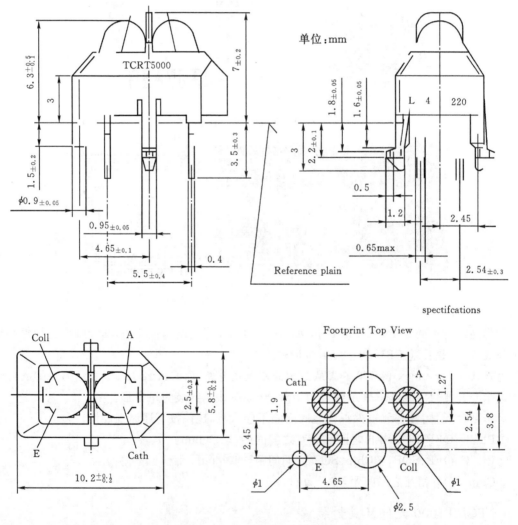

图 4 - 17　元件实物图和封装确定

直接调用 DIP-4,没有按照实际尺寸,将会导致制作出的电路板实际元件不符合要求。必须克服不加分析对照、随意抄用(调用)所见到的资料的不良习惯。

特别强调,元件实物管脚与封装焊盘编号、原理图元件引脚编号三者之间的一致性。根据图 4-17 获取元件封装参数信息,绘制的封装如图 4-18 所示。

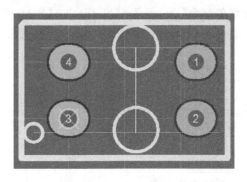

图 4-18　元件封装绘制

### 5. 电位器及其封装

手头直插电位器如图 4-19 所示。游标卡尺测量引脚间距、引脚粗细与外形轮廓的尺寸,自己绘制封装。

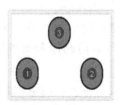

图 4-19　10K 电位器实物和封装

### 6. 端口及其封装

插件 DIP(直插/弯插),接插四端口及封装,可参阅项目 3。

## 任务 3　原理图元器件封装的选择与修改

将原理图信息导入到新的 PCB 之前,确保所有与原理图和 PCB 相关的库都是可用的,并且库都已装入到元件库列表中,完成元件库的加载。

关于 SCH 元器件封装的查看与更改方法,请参阅项目 3 任务 4。封装的选取,必须了解实际元件和装配,才能选择合适的封装。

## 任务 4　创建网络表文件和元器件清单

### 1. 网络表的创建与阅读

网络表描述的是 PCB 电路原理图中各元件的型号及元件各引脚之间的连接关系,是从图形化的电路原理图中提炼出来的元件及元件连接网络的文字表达方式。事实上,SCH 和 PCB图连接的纽带是网络表。

　　(1)电路图通过设计规则检查(DRC)后,执行菜单命令【Project】→【Project Options】,弹出工程选项对话框,即可设置网络表参数选项内容,这里省略。

　　(2)生成网络表。执行菜单命令【Design】→【Netlist】→【Protel】,生成当前项目的网络表。网络表生成后,【Project】控制面板和生成的网络表,如图 4 - 20 所示。

图 4 - 20　【Project】控制面板和生成的网络

　　借助网络表,可以得到 PCB 电路原理图中所有各元件之间的连接网络。网络表包括两部分内容:元件表与连线网络表。

　　元件表描述了电路原理图中元件的三大属性。

　　①元件标号。它是 PCB 电路原理图中各元件的唯一标识,同一块 PCB 上不同元件其元件标号是互不相同的。

　　②元件封装类型。表示各元件的电气封装类型。

　　③元件属性。对元件自身属性的描述。可以指明元件的有效值,元件的特征。通常在元件属性之后会预留 1~3 行的空白行。

　　元件表描述格式如下:

　　[元件表定义开始

　　元件标号

　　元件封装类型

　　元件属性

　　空白行,可省略

　　]元件表定义结束。

　　贴片电阻 R3 的元件表如下所示:

　　[

　　R3

　　CD2012 - 0805

　　Res2


　　]

连线网络表描述的是电路原理图中所有元件各引脚的连接网络,包含两部分的内容。

①网络名称。若定义了网络标号,则在连线网络表中以网络标号命名此网络,若没有定义网络标号,则由软件按连线网络表构造顺序,指定该网络中某元件的管脚名称如 NetD2_2,(编号为 D2 元件的第 2 引脚前赋予 Net),作为该连线的网络名称。

②网络中的所有节点信息包括元件标号以及元件的管脚序号。由于在同一网络中的所有元件管脚均相连,因此未定义网络标号的情况下,连线网络表的网络名称可以为网络内任意管脚定义。

连线网络表格式如下:

(连线网络表定义开始

网络名称

元器件标号及管脚号

元器件标号及管脚号

)连线网络表定义结束。

电路中与地相连的所有网络如下所示:

(

GND

C1 - 1

C2 - 1

JP1 - 2

R1 - 1

R4 - 2

U1 - 4

U2 - 2

U2 - 3

)

由软件自定义的网络标号如下所示:

(

NetD2_2

D2 - 2

R6 - 2

)

由软件自定义的一个网络标号,它表示的是一个以元件 D2 的第 2 号管脚命名的连线网络表 NetD2_2,它表明元件 D2 的第 2 号管脚与元件 R6 的第 2 号管脚相连。

## 2. 元器件清单报表的编辑

打开 SCH 文件或 PCB 文件,执行菜单命令【Reports】→【Bill of Materials】,可以看到所有元件,如图 4 - 21 所示,通过拖动选择 Group 分组,将属性相同的分在一起,如 Footprint 放在 Group 中,则将封装一样的分到一个类别里。

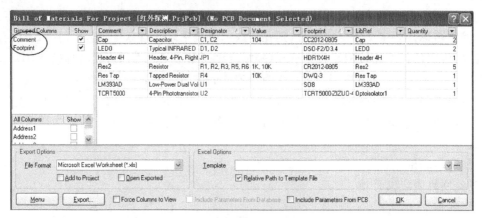

图 4-21　原理图元器件清单生成

在左边【All Columns】栏目中选择显示和不显示的属性,则在元器件栏目中会看到明显变化。若元器件【Description】不显示,直接将对应栏目的勾去掉,清单中就不会显示。若点击表头处的相应位置进行排序。表中各栏目位置可以调换,直接拖动表头字段到指定位置即可。

可以设置清单文件的格式,常用的有 pdf 和 xls。点击【Export】导出清单文件,即可输出元器件清单报表,可以编辑修改,如表 4-2 所示,方便采购元器件清单。

表 4-2　元器件采购清单

| 器件规格<br>（Comment） | 编号<br>（Designator） | 标称值<br>（Value） | 封装<br>（Footprint） | 原理图库<br>元件名<br>（LibRef） | 数量<br>（Quantity） | 单价 | 总价 | 备注 |
|---|---|---|---|---|---|---|---|---|
| 贴片电容 | C1, C2 | 104 | CC2012-0805 | Cap | 2 | | | |
| 贴片发光二极管 | D1, D2 | | L0603 | LED0 | 2 | | | |
| 直接插式 4 端口 | JP1 | | HDR1X4H | Header 4H | 1 | | | |
| 贴片电阻 | R1, R2, R6 | 1K | CR2012-0805 | Res2 | 3 | | | |
| 贴片 Res2 | R3, R5 | 10K | CR2012-0805 | Res2 | 2 | | | |
| 变阻器 Res Tap | R4 | 10K | 自做 | Res Tap | 1 | | | |
| 表贴式集成块 LM393 | U1 | | SO-G8 | LM393AD | 1 | | | |
| 探射器 TCRT5000 | U2 | | 自做 | Optoisolator1 | 1 | | | |

编制元器件清单的目的是给器件采购和线路板焊接准备必要文件,建议按以下原则编制:
①器件顺序按电阻、电容、电感、集成电路、其他排列;
②同类器件按数值从小到大排列;
③器件应标明型号、数量、安装位置(器件标号);
④集成电路应在备注栏标明封装形式;
⑤焊插座的器件应标明插座型号;
⑥特殊器件(如高精度电阻)应注明。

## 任务 5　双面 PCB 设计

### 1. 新建电路板文件并规划电路板

在将原理图设计转换为 PCB 设计之前,需要创建一个有最基本的板子轮廓的空白 PCB。本项目采用电路板尺寸:31 mm(宽)×15 mm(高)。

(1)通常根据元件的多少、大小以及电路板的外壳限制等因素确定电路板尺寸大小,除用户特殊要求外,电路板尺寸应尽量满足电路板外形尺寸国家标准 GB9316—2007 的规定。

(2)新建 PCB 文件,并规划电路板,有两种方法。

方法一:新建 PCB 文件后,在机械层手工绘制电路板边框,在禁止布线层手工绘制布线区,标注尺寸,这种方法灵活性较大。

方法二:采用 PCB 板向导规划,此方法快捷,易于操作。这里采用此方法。

(3)具体操作步骤如下:

①单击【File】标签文件面板,在【Files】面板的底部的【New from template】单元单击选择最下方的【PCB Board Wizards …】,弹出 PCB 向导欢迎界面,点【Next】按钮继续。如果这个选项没有显示在屏幕上,单击向上的箭头图标关闭上面的一些单元。

说明:按【Next】一步步往下操作。在向导的任何阶段,都可以使用【Back】按钮来检查或修改以前页的内容。

②进入尺寸单位选择对话框,有英制(mil)和公制(mm)两种选择,选择公制(mm)。

③进入 PCB 板用户自定义,选择【Custom】,自己定义板型和尺寸。

④进入自定义板选项。本电路中,板子尺寸为 31 mm×15 mm。选择【Rectangular】并在【Width】和【Height】栏键入尺寸,如图 4-22 所示,单击【Next】继续。

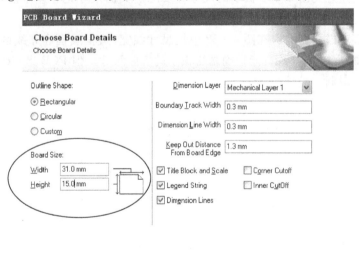

图 4-22　电路板尺寸

⑤信号层、内电源层选择。【Signal Layer】信号层默认为 2 层,而【Power Planes】内电层默认为 2 层,由于本电路较简单,不必使用内电源层,将其修改为 0。

⑥过孔类型选择。选择【Thruhole Vias only】通孔类型(默认项),因为没有内电源/接地层,所以不使用盲孔形式。

⑦导线、过孔、安全间距设置。采用默认值,一般厂家都可满足要求,最小安全间距是指不同网络导线、焊盘之间的最小距离,防止不同网络导线、焊盘之间靠得太近而导致短路。

⑧PCB 板向导结束,单击【Finish】按钮。PCB 编辑器现在将显示一个新的 PCB 文件,名为 PCB1. PcbDoc,PCB 文档显示的是一个空白的板子形状(带栅格的黑色区域),如图 4 - 23 所示。选择【View】→【Fit Board】(热键 V,F)将只显示板子形状。

另外,尺寸标注显示单位可以修改,双击线框,在属性中【Unit】选项中选择 Mils 或 mm,实行公英制互换。

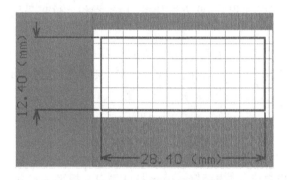

图 4 - 23 PCB 向导制作完成的电路板

细心的读者会注意到图 4 - 23 板子的尺寸与实际定义的尺寸是有差距的,与图 4 - 22 定义的板子尺寸不符合,这主要是边框线的宽度与制板尺寸有关等。

原则上是不必考虑线宽的。在图 4 - 22 中把尺寸线宽、边框线框和布线区与板宽距离设置为 0 mil 线宽,如图 4 - 24 所示,能精确画出板子的实际尺寸。但 PCB 出 Gerber 会有问题,实际是软件的一个漏洞。

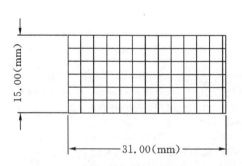

图 4 - 24 PCB 向导制作边界线宽为零的电路板

对于图 4 - 23 电路板尺寸未达到精度要求,可以自己重新定义电路板边框,如图 4 - 25 所示,通过设置坐标来精确定义,然后再放置尺寸标注。

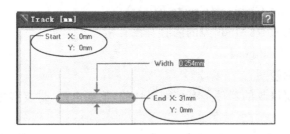

图 4 - 25　电路板尺寸精确定义

将 PCB 文件保存,在文件名栏里键入文件名(用 *.PcbDoc 扩展名),并保存在与对应原理图文件相同的路径下。

## 2. 封装管理器、全局属性修改元件的封装

### 1)用封装管理器检查 SCH 所有元件的封装方法

在原理图编辑器内,执行【Tools】→【Footprint Manager】命令,出现如图 4 - 26 所示的封装管理器检查对话框。

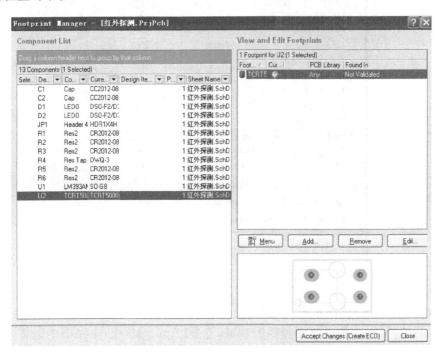

图 4 - 26　封装管理器对话框

(1)在【Component List】区域中显示原理图的所有元件,用鼠标左键选择每一个元件,当选中一个元件时,在右边的封装管理编辑框内,设计者可以添加、删除、编辑当前选中元件的封装。

(2)【View and Edit Footprints】里改封装:

原来有封装则选【Edit】;

原来没有封装则选【Add...】。

（3）改好后选【Accept Changes(Create ECO)】。

（4）弹出菜单，注意检查【Modify】的内容有没有错。

（5）点击【Execute Changes】。

2）全局属性修改封装

在图 4-27 中所要修改的器件是有相同属性的，比如电阻，封装型号采用 0805 规格，采用全局属性修改方便。

具体方法：选中 SCH 中的电阻元件右击【Find Similar Objects】，弹出如图 4-27 所示的对话框。

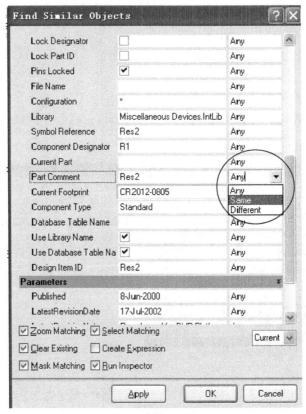

图 4-27　查找对象对话框

在【Object Specific】选项卡下选择【Description】后再选择【Same】，或在【Part Comment】出库元件名后选择【Same】，并且选择匹配选项，点击【Apply】按钮，电路图中会高亮显示所有符合的电阻，而其他的元件则是灰度显示。

点击【OK】按钮，会弹出【SCH Inspector】的界面，如图 4-28 所示。拖动滚动条，在【Object Specific】下的【Current Footprint】选项中可以输入封装名称，这里输入"CR2012-0805"，然后按 Enter 回车键，确认。

温馨提示：操作过程中，会出现上面选中的某一类元件显现，其他被蒙住，点击状态栏右下角的【Clear】，即可清除。

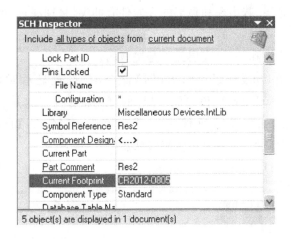

图 4-28　更改 SCH 对象对话框

## 3. SCH 导入到 PCB 文件

具体操作方法同前项目，这里省略。

## 4. 元器件底层布局

在元件中载入 PCB，接着开始布局元件。阅读专题 Ⅱ 元件布局、布线。把元器件放置到板上，顶层元器件的布局调整同前。当元器件呈绿色，通常是某两个元器件的距离小于元件的安全距离。

本设计采用红外光电传感器放在小车底部，距地面高度合适，可以达到很好的检测效果。TCRT5000 元件布局在底层，方法如下：

（1）在顶层将元件移到要放置的位置，并且调整好编号位置。

（2）鼠标选中元件，并按下键盘上的 L 键，元器件即会翻转到底层。

此时，可以看到元件已经放置到底层，元件编号也随之翻转，如图 4-29(b)所示。

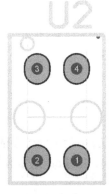

（a）元件在顶层

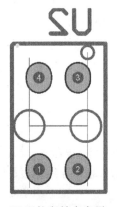

（b）元件翻转在底层

图 4-29　元件布局调整

（3）元器件放置在底层，若出现和顶层的元器件有冲突，呈现绿色，可能是底层器件的孔和顶层器件焊盘有冲突。

（4）调整底层元件位置和编号，底层元件是镜像的。

右键点击，执行【Option】→【Board Layer】命令，在设置显示对话框中，暂时将【Top Layer】（顶层）和【Top OverLayer】（顶层丝印层）的复选框选中状态取消，即不显示顶层元件的封装。仅看到底层元件封装，双击元件，弹出属性框，取消【Mirror】的勾选项，取消编号的翻转状态，将其位置和方向调整，再恢复镜像翻转状态。

元器件顶层与底层布局，如图 4 - 30 所示。

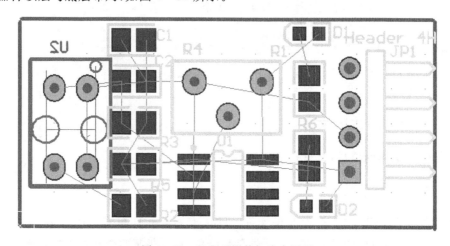

图 4 - 30 双面元器件初步布局图

### 5. 调整元件的标注

元件标注尺寸太大，可以采用全局属性一次性修改尺寸大小。

（1）将光标移到任一标注上，单击鼠标右键，查找相似对象对话框，如图 4 - 27 所示，在【Designator】项后选择【Same】，选中图纸中所有的元件编号。

（2）点击【Apply】按钮，弹出【Inspect】面板，如图 4 - 28 所示，将【Text Heigh】字符高度栏修改为原来的一半，即"30 mil"，将【Text Width】文字线条宽度修改为"5 mil"，按回车键确认输入。完成元件标注大小的调整。

通过编辑标注大小，对元件标注移动、旋转等位置的调整，使得元件标注绝对不能放在焊盘和图形轮廓上，产品的工艺设计更加规范，生产效率更高。

### 6. PCB 双面布线

1）设置布线参数

执行【Design】→【Rules】菜单命令，设置各项参数。其中最关键的参数有安全间距【Clearance】，布线层面【Routing Layers】和导线宽度【Width Constraint】，其他参数采用默认值。

（1）设置安全间距。

安全间距指不同网络的导电图形（导线与焊盘）之间的最小距离。它的设置可以避免导线之间以及导线与焊盘之间距离太小而短路或大火，但它的大小同时也决定了走线的难度和导线的布通率。这里安全间距设置为 10 mil,在【Gap】栏设置即可。

(2)设置双面板的布线层。

制作双面板,使用顶层和底层信号层,采用交互布线,顶层采用"Horizontal"水平布线方式,底层采用"Vertical"垂直布线方式。

(3)设置导线宽度。

将整体电路板(Board)设置为 20 mil,电源 VCC 和 GND 分别设置为 30 mil 和 40 mil。

(4)设置过孔尺寸。

双面板及多层板中,通过过孔实现不同层面相同网络导线间的连接,过孔参数通常采用默认参数,若要修改,不得小于电路板制作工艺中最小孔径的要求。

(5)设置 SMT 焊盘拐角距离。

SMT 焊盘与拐角导线之间通过一段平行导线相接,防止拐角处直接相连应力过大而断裂。SMT 焊盘拐角设置方法,如图 4-31 所示。

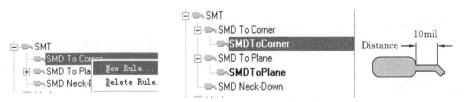

图 4-31　设置 SMT 焊盘拐角距离

(6)SMD。

Neck down 值(SMD 表贴元件焊盘颈缩率),在布线过程中,从表贴元件焊盘引出的导线宽度超过了 Rules 里规定的约束条件,所以会报错。可以改小走线宽度,或者修改 Design 下 Rules 里的 Neck-Down Constraint。其实不修改,也可以直接去做板的,对结果没有影响。

2)自动布线及显示层面查看

(1)设置好上述规则,执行【Auto Route】→【All】菜单命令,弹出自动布线策略选择对话框,点击【Route All】按钮,PCB 板编辑器开始自动布线。

(2)PCB 编辑器显示所有用到的层面,想分别查看顶层和底层布线,采取调整显示层面的方法。

①设置显示层面,执行【Design】→【Board Layers& Colours】菜单命令,弹出层面设置对话框,按图 4-32(a)设置,显示的是顶层信号层和顶层丝印层的元器件。

②按图 4-32(b)设置,显示的是底层信号层和底层丝印层的元器件。

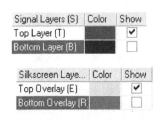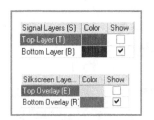

(a)顶层信号层和丝印层显示　　(b)底层信号层和丝印层显示

图 4-32　信号层和丝印层显示模式设置

由此查看 PCB 顶层和底层的元件及布线情况。

可以看到顶层布线比较凌乱，线路梳理不清，如图 4-33 所示，如 A0 网络导线重叠；VCC 网络导线不精简，线路并不一定很规范等。

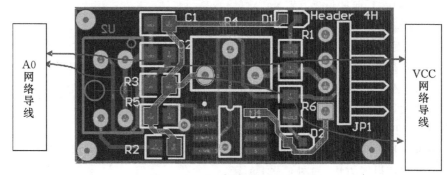

图 4-33　自动布线顶层效果图

3) 手动调整布线

修改导线需考虑顶层与底层两层导线的走线情况，先修改绕行长导线，然后再微调其他局部需要调整的短导线。

修改方法如下：

(1) 撤销原导线。执行菜单命令【Tools】→【Un-Route】→【connection】，出现十字光标，对准需要撤销的导线，单击即可删除原导线。

(2) 规划新导线的路径，并对其他导线作必要的修改。

(3) 调整导线的位置，必要时产生过孔。以 GND 接地网络为例，集成运放贴片 U1 第 4 脚 GND 网络（顶层）与直插座 JP1 第 2 脚（底层）相连接，不同层面相同网络可通过过孔绕钻。

① 从 JP1 第 2 脚焊盘中心底层开始接近顶层的 U1 第 4 脚的位置绘制导线，如图 4-34 (a) 所示。

② 按下键盘上的 Tab 键，弹出对话框如图 4-34(b)，在【Layer】选项框中，将【Bottom Layer】改为【Top Layer】，点击对话框中的【OK】，光标上黏附过孔，单击放置，如图 4-34(c) 所示。

③ 在顶层绘制 U1 第 4 脚与过孔的连线，如图 4-34(d) 所示。

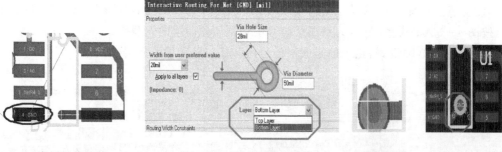

　(a)底层导线绘制　　　　　　　(b)过孔设置　　　　　　　(c)放置过孔　　(d)顶层导线绘制

图 4-34　修改导线

图 4-35(a) 为 PCB 布线调整结果，为看清各层布线，单独显示各信号层，如图 4-35(b)、(c)、(d) 所示。

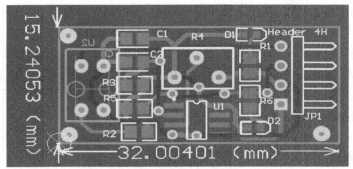

(a)PCB 布线设计结果

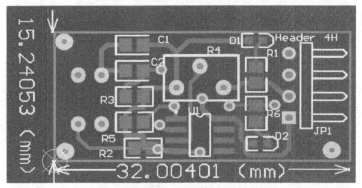

(b)顶层布线和顶层丝印层的显示图

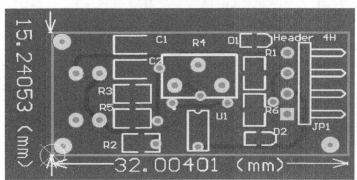

(c)底层布线和顶层丝印层的显示图

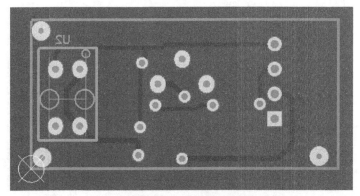

(d) 底层布线和底层丝印层的显示图

图 4-35　手动调整结果

补充说明,简单的电路图,不考虑信号及高频干扰,可以选择自动布线,但通常的工程都需要手工布线。如果比较大的工程,信号线比较多,即使电路没有问题,使用自动布线后,单纯的高频干扰就有可能使电路不能正常工作。如信号不同步,元器件因为导线间的干扰错误动作等。因此,PCB 设计离不开手工布线,将重要的信号线先手工布线,预锁住,然后对一般信号线采用自动布线。切记,PCB 设计为了保证电路功能的实现和满足 PCB 工艺实践,PCB 布线需要不断调整和优化。

## 实践训练 智能小车红外探测模块电路

绘制红外智能小车红外探测模块电路图,如图 4 - 36 所示,完成 5 mm × 7.5 mm 单面板的设计,如图 4 - 37 所示。

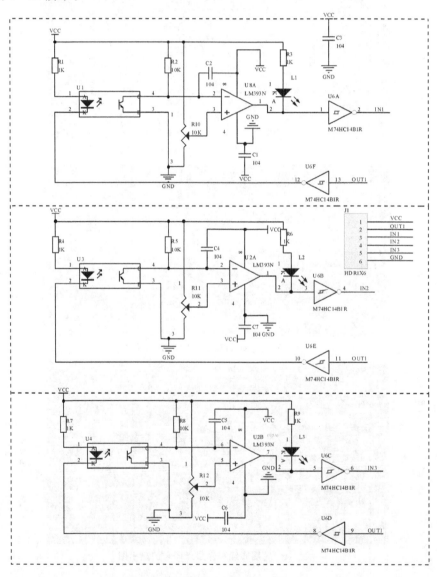

图 4 - 36 三路红外探测模块电路原理图

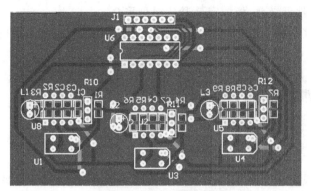

(a)三路红外模块电路 PCB 图

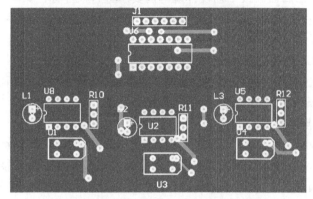

(b)顶层丝印层元件面和顶层信号层走线

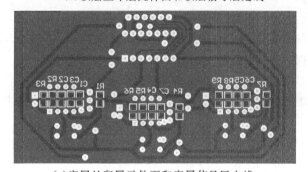

(c)底层丝印层元件面和底层信号层走线

图 4-37　红外智能小车红外探测模块 PCB 设计

操作提示：

(1)关于复合元件的子元件的放置。

子元件图形符号相同,用引脚编号不同来区分不同子元件。

图 4-36 需要 3 个 LM393 子元件,因此实际 PCB 设计需要 2 片 LM393 芯片,有一片 LM393 芯片只使用了一个子元件的情况。74HC14 一片集成块有 6 个子元件,一片 74HC14 正好符合。原理图中三路红外探测用了虚线框进行标注。利用图形工具绘制直线(虚线),画出的虚线条没有电气特性,仅为便于原理图图纸的阅读。

(2)配置合适的元器件封装,贴片电阻、电容放在底层,其他元件放在顶层。

提示:通常对于单面板元件布局,直插元件位于【Top Layer】,表贴器件位于【Bottom Layer】,

直插元器件与表贴器件可交叠,但一定要避免焊盘重叠。

(3)PCB 设计参考效果,如图 4-37(a)所示。为清晰看到顶层、底层的元件布局和信号走线,参阅图 4-37(b)、(c)。

# 专题Ⅲ——印制电路板(PCB)设计规范

## 任务 1  PCB 元件布局

(1)根据结构图设置板框尺寸,按结构要素布置安装孔、接插件等需要定位的器件,并给这些器件赋予不可移动的属性。按工艺设计规范的要求进行尺寸标注。

(2)根据结构图和生产加工时所需的夹持边设置印制板的禁止布线区、禁止布局区域。根据某些元件的特殊要求,设置禁止布线区。

(3)综合考虑 PCB 性能和加工的效率,选择加工流程。

加工工艺的优选顺序为:元件面单面贴装—元件面贴、插混装(元件面插装焊接面贴装一次波峰成型)—双面贴装—元件面贴插混装、焊接面贴装。

(4)布局操作的基本原则。

①遵照"先大后小,先难后易"的布置原则,即重要的单元电路、核心元器件应当优先布局。

②布局中应参考原理框图,根据单板的主信号流向规律安排主要元器件。

③布局应尽量满足以下要求:总的连线(飞线)尽可能短,关键信号线最短。

④相同结构电路部分,尽可能采用"对称式"标准布局。

⑤按照均匀分布、重心平衡、版面美观的标准优化布局。

⑥器件布局栅格的设置,一般 IC 器件布局时,栅格应为 50~100 mil,小型表面安装器件,如表面贴装元件布局时,栅格设置应不少于 25 mil。

⑦贴片单边对齐,字符方向一致,封装方向一致。

⑧元器件的排列要便于调试和维修,亦即小元件周围不能放置大元件、需调试的元器件周围要有足够的空间。

(5)同类型插装元器件在 X 或 Y 方向上应朝一个方向放置。同一种类型的有极性分立元件也要力争在 X 或 Y 方向上保持一致,便于生产和检验。

(6)发热元件一般应均匀分布,以利于单板和整机的散热,除温度检测元件以外的温度敏感器件应远离发热量大的元器件。

(7)需用波峰焊接工艺生产的单板,其紧固件安装孔和定位孔都应为非金属化孔。当安装孔需要接地时,应采用分布接地小孔的方式与地平面连接。

(8)焊接面的贴装元件采用波峰焊接生产工艺时,阻、容件轴向要与波峰焊传送方向垂直,阻排及 SOP(PIN 间距大于等于 1.27 mm)元器件轴向与传送方向平行;PIN 间距小于1.27 mm(50 mil)的 IC、SOJ、PLCC、QFP 等有源元件避免用波峰焊焊接。

(9)BGA 与相邻元件的距离>5 mm。其他贴片元件相互间的距离>0.7 mm;贴装元件焊盘的外侧与相邻插装元件的外侧距离大于 2 mm;有压接件的 PCB,压接的接插件周围 5 mm内不能有插装元、器件,在焊接面其周围 5 mm 内也不能有贴装元器件。

(10)IC 去耦电容的布局要尽量靠近 IC 的电源管脚,并使之与电源和地之间形成的回路最短。

(11)元件布局时,应适当考虑使用同一种电源的器件尽量放在一起,以便于将来的电源分隔。

(12)用于阻抗匹配目的的阻容器件的布局,要根据其属性合理布置。串联匹配电阻的布局要靠近该信号的驱动端,距离一般不超过 500 mil。匹配电阻、电容的布局一定要分清信号的源端与终端,对于多负载的终端匹配一定要在信号的最远端匹配。

(13)布局完成后打印出装配图,供原理图设计者检查器件封装的正确性,并且确认单板、背板和接插件的信号对应关系,经确认无误后方可开始布线。

## 任务2    PCB 元件布线

### 1. 设置布线约束条件

(1)布线层设置。

(2)线宽和线间距的设置,要考虑的因素有:

①单板的密度。板的密度越高,倾向于使用更细的线宽和更窄的间隙。

②信号的电流强度。当信号的平均电流较大时,应考虑布线宽度所能承载的电流。

(3)根据线路板厂家的能力设定线路板基本参数,设计线路板质量应能保证:

①板面布线应疏密得当,当疏密差别太大时应以网状铜箔填充,网格大于 8 mil(或 0.2 mm)。

②贴片焊盘上不能有通孔,以免焊膏流失造成组件虚焊。重要信号线不准从插座脚间穿过。

③电源线尽可能地宽,不应低于 18 mil;信号线宽不应低于 12 mil;CPU 入出线不应低于 10 mil(或 8 mil);线间距不应低于 10 mil。

④正常过孔不低于 30 mil。

⑤双列直插:焊盘 60 mil,孔径 40 mil;

1/4W 电阻:51 * 55 mil(0805 表贴);直插时焊盘 62 mil,孔径 42 mil;

无极电容:51 * 55 mil(0805 表贴);直插时焊盘 50 mil,孔径 28 mil。

### 2. PCB 设计时应该遵循的规则

1)地线回路规则

环路最小规则,即信号线与其回路构成的环面积要尽可能小,环面积越小,对外的辐射越少,接收外界的干扰也越小,如图 4-38 所示。

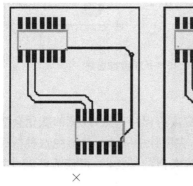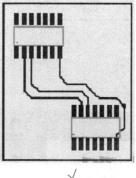

图 4-38    地线回路规则

2）串扰控制

串扰（CrossTalk）是指 PCB 上不同网络之间因较长的平行布线引起的相互干扰，主要是由于平行线间的分布电容和分布电感的作用。克服串扰的主要措施有遵循"3W 规则"，加大平行布线的间距，在平行线间插入接地的隔离线；减小布线层与地平面的距离。

3）屏蔽保护

对应地线回路规则，实际上也是为了尽量减小信号的回路面积，多见于一些比较重要的信号，如时钟信号、同步信号；对一些特别重要，频率特别高的信号，应该考虑采用铜轴电缆屏蔽结构设计，即将所布的线上下左右用地线隔离，而且还要考虑好如何有效地让屏蔽地与实际地平面结合，如图 4-39 所示。

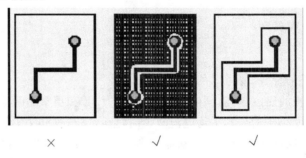

图 4-39　屏蔽保护

4）走线的方向控制规则

走线的方向控制规则即相邻层的走线方向成正交结构，避免将不同的信号线在相邻层走成同一方向，以减少不必要的层间窜扰；当由于板结构限制（如某些背板）难以避免出现该情况，特别是信号速率较高时，应考虑用地平面隔离各布线层，用地信号线隔离各信号线。

5）走线的开环检查规则

如图 4-40 所示，一般不允许出现一端浮空的布线（Dangling Line），主要是为了避免产生"天线效应"，减少不必要的干扰辐射和接收，否则可能带来不可预知的结果。

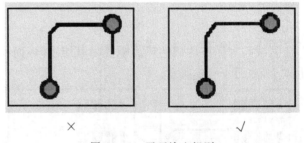

图 4-40　开环检查规则

6）阻抗匹配检查规则

如图 4-41 所示，同一网络的布线宽度应保持一致，线宽的变化会造成线路特性阻抗的不均匀，当传输的速度较高时会产生反射，在设计中应该尽量避免这种情况的发生。在某些条件下，如接插件引出线，BGA 封装的引出线类似的结构时，可能无法避免线宽的变化，应该尽量减少中间不一致部分的有效长度。

图 4-41 阻抗匹配检查规则

7) 走线的分枝长度控制规则

如图 4-42 所示,尽量控制分枝的长度,一般的要求是 Tdelay ≤ Trise/20。

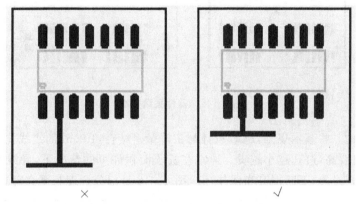

图 4-42　走线的分枝长度控制规则

8) 走线长度控制规则

如图 4-43 所示,走线长度控制规则即短线规则,在设计时应该让布线长度尽量短,以减少由于走线过长带来的干扰问题,特别是一些重要信号线,如时钟线,务必将其振荡器放在离器件很近的地方。对驱动多个器件的情况,应根据具体情况决定采用何种网络拓扑结构。

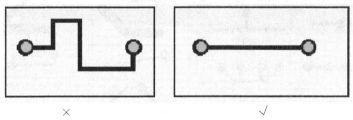

图 4-43　走线长度控制规则

9) 倒角规则

如图 4-44 所示,PCB 设计中应避免产生锐角和直角,防止产生不必要的辐射,并影响工艺性能。

10) 器件去耦规则

在印制版上增加必要的去耦电容,滤除电源上的干扰信号,使电源信号稳定,如图 4-45 所示。在多层板中,对去耦电容的位置一般要求不太高,但对双层板,去耦电容的布局及电源的布线方式将直接影响到整个系统的稳定性,有时甚至关系到设计的成败。

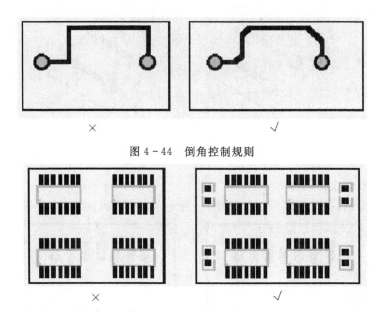

图 4-44　倒角控制规则

图 4-45　器件去耦规则

以上是布线的一些基本规则,PCB 设计与工艺紧密结合,10 mil 的走线比 15 mil 的走线难于腐蚀,并且价格要高,过孔越小越贵。通常在板子面积许可的情况下,导线宽度增大。布线过程中要不断积累经验,不断提高布线技巧。图 4-46 是部分合理与不合理走线的比较。

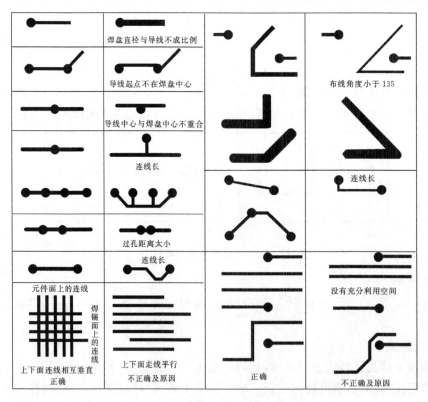

图 4-46　部分合理与不合理走线的比较

# 项目5  基于单片机的红外智能循迹小车 PCB 设计

## 项目描述

现代智能小车发展很快,从智能玩具到其他各行业,基本可实现循迹、避障、寻光入库、避崖等基本功能,目前飞思卡尔智能小车走在前列。图 5-1 是一款自动循迹智能小车的控制系统,以红外线自动循迹、硬件模块结合软件设计组成多功能智能小车,共同实现小车的前进倒退、转向行驶,自动根据地面黑线循迹导航,实现智能控制。

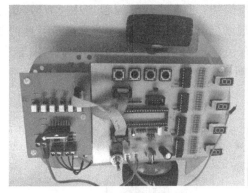

(a) 主电路和电机驱动模块　　　　　　　　(b) 红外循迹模块

图 5-1　红外循迹小车

该智能循迹小车将红外传感器采集的信号,经单片机处理后,控制驱动电机的 PWM 的占空比和方向。小车左右轮各用一个直流电机驱动,通过调制两个轮子的转速从而达到控制转向的目的。在车体前部分别装有左、中、右三个红外反射式传感器,当小车左边的传感器检测到黑线时,说明小车车头向右边偏移,这时主控芯片控制左轮电机减速,车体向左边修正;同理,当小车的右边传感器检测到黑线时,主控芯片控制右轮电机减速,车体向右边修正;当黑线在车体的中间,中间的传感器一直检测到黑线,这样小车就会沿着黑线一直行走。

## 任务提出

1. 根据设计要求,确定控制方案。
2. 基于电路设计工具设计合理的硬件原理图。
3. 画出程序流程图,使用 C 语言进行编程。
4. 将各元件焊接在 PCB 板上,并将程序烧录到单片机内。
5. 进行调试以实现控制功能。

# 任务分析

红外智能循迹小车 PCB 设计主要运用传感器进行外部信号的检测,将检测感受到的信息,按一定规律变换成为电信号或其他所需形式的信息输出。选择合适的传感器可以使设计简便,简化硬件电路。根据小车循迹检测要求有两种传感器,一是红外光电传感器,二是 CCD 传感器。基于红外光电传感器相对于 CCD 传感器来说,受外界干扰少,对主控芯片要求低,实时性好以及成本的考虑而被采用,并将红外传感器电路安装于小车底部距地面合适高度,以达到好的检测效果。

采用红外光电传感器作为循迹系统的信号采集,信号采集部分就相当于智能循迹小车的眼睛,由它完成黑线识别并生产高、低平信号传送到控制单元,然后单片机生成指令来控制驱动模块,以控制两个直流电机的工作状态,完成自动循迹。

本款智能循迹小车结构图如图 5-2 所示,单片机要完成电机控制、循迹控制等工作。小车的主控采用 AT89C51 单片机,本身没有 PWM 模块,可通过软件编程产生 PWM,采用 PWM 调速直流电机,通过改变矩形波的占空比实现电机电压的改变,从而实现电机转速的改变。可以实现小车的左转、右转和直行。智能小车硬件电路主要由 AT89C51 单片机电路、TCRT5000 循迹模块、L298N 驱动模块、直流电机、小车底板、电源模块等组成。

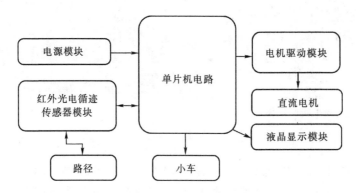

图 5-2 智能循迹小车总体结构图

在进行器件选型时,应依据以下原则选定器件。

(1)功能适合性:既保证冗余性,又不会造成大的浪费。例如电源芯片(峰值的 30% 余量)和 FPGA/CPLD 芯片等(考虑芯片资源,器件功率,电容耐压值)。

(2)开发延续性:对于同一功能的器件,采用原有设计的升级芯片。选型芯片,考虑技术支持和驱动程序设计。

(3)焊接可靠性:器件封装不能影响焊接、调试和维修,接插件选择要保证接口可靠、安装方便。

(4)布线方便性:封装的选择决定着器件的布局和布线方式。

(5)器件通用性:可替换种类越多越好,避免停产等,尽量选用公司内部常用的器件。

(6)采购便捷性:器件用量大,采购周期短。

(7)性价比的考虑。

# 任务要求

根据电路设计要求,进行硬件电路的规划与设计,并查阅技术文献、资料,获取元器件的关键参数信息。

1. PCB 设计规划,分析实物和结合设计要求,进行 SCH 绘制的规划。
2. 各模块 SCH 的设计与绘制,注意各模块电路之间端口连接器的连接关系。
3. 分别对各模块电路进行 PCB 设计。
4. PCB 工艺文件编制。

# 任务实施

## 任务 1 PCB 设计和 SCH 设计规划

1)PCB 的初步规划

正确合理地规划 PCB 是成功制作 PCB 的前提,分析实物和结合设计要求,该系统由 3 块电路板组成。

(1)红外探测电路部分:主要包含 3 只红外光电 TCRT 传感器,呈一字型布局,3 只 LM393 电压放大器。若采用贴片电阻、电容,将其安排到单面板的底层(如项目 4 实践训练)。

(2)主电路模块部分:包括单片机及其外部晶振电路、上拉电阻、4 只按键,指示响铃,显示电路,电源电路,单片机端口扩展等预处理电路。允许 PCB 设计面积相对宽裕。

(3)电机驱动电路部分:光电隔离器,采用 L298N 电机驱动芯片控制电机。

2)各模块 SCH 的设计与规划

根据 PCB 设计的规划,原理图的绘制对应 3 个模块,注意模块电路之间的各插座排线的连接关系。

(1)驱动电路模块:增加一只 8 脚双排连接件,用于主电路的拼接。2 只两脚插件,用于连接直流电机,1 只二端口,用于连接电源接口。

(2)红外探测模块:增加一只 6 脚单排连接件,用于主电路的连接。

(3)主电路模块:同样增添一只 8 脚双排连接件,一只 6 脚单排连接件,分别用于实现与驱动电路和红外探测模块的拼接。还要留有超声波接口等,以备扩展功能使用。同时,增加 1 只二端口,用于连接电源接口(驱动电路)。增加串行通信接口,用于程序的下载。排针的外形示意图和排针间连接线(排线),如图 5-3 所示。

图 5-3 排针及排线

## 任务 2　新建各模块项目工程文件

新建 3 个 PCB 设计项目,分别命名为:主板.PRJPCB(主电路模块),驱动.PRJPCB(驱动模块),探测.PRJPCB(探测模块),如图 5-4 所示。在每个项目下再分别新建与项目名称对应的原理图文件及 PCB 文件,并分别将其保存。

图 5-4　新建项目并添加 SCH、PCB 文件

一次性规划整个设计框架,但设计过程总是要立足于其中某一个项目,下面对 3 个项目分别逐个进行设计。

## 任务 3　小车主电路模块的 PCB 设计

采用单片机作为整个系统的核心,用其控制行进中的小车,以实现其既定的性能指标。需要注意主控电路模块与红外探测模块、马达驱动模块等之间的衔接接口,理清有哪些网络连接,确定连接件的引脚数。当然,可以边绘图边修正。

小车主板电路如图 5-5 所示。电路图中较多地运用了网络标号和主控芯片的 I/O 接插件端口,可以有效地减少实际连线的数量,简化电路的复杂连线,使图纸清晰,对后面 PCB 设计时元件的合理布局和布线大有好处。

另外,图中用了非电气连接线和注释。

(1)非电气连线:Line,在原理图中,用以表示区域划分、指引注释、计划扩展的线段,不和电气发生连接关系。

(2)注释:Annotation,在图中用以解释说明的文字、图形和标注。

自行完成 SCH 绘制及区域方块划分和注释说明性文字。

### 1. 元件的识读,封装形式确定及制作

PCB 元件封装是 PCB 设计的关键要素之一。在对元件不熟悉的情况下,确定元件封装的最有效手段是采购样品进行实际测量或查询元器件的数据手册,获得元器件的关键信息。在主板路.PRJPCB 项目下新建封装形式库,并保存为自建.PcbLib。

1)单片机:本系统主控芯片选用 AT89C51,40 脚直插元件外形及引脚排列如图 5-6 所示,采用双列直插式 DIP-40 封装。便于元件的装接,采用 40P 的双列直插底座。

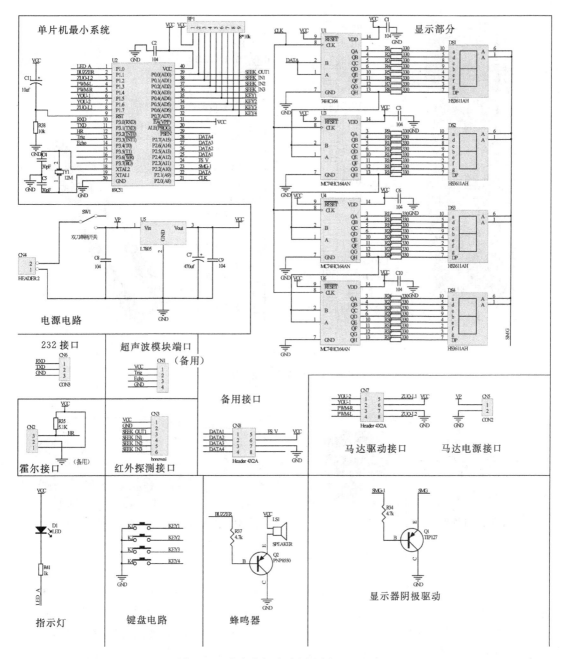

图 5-5　小车主板电路原理图(.SchDoc)

(2)按键:本系统中有 4 只 PCB 焊接式按键。原理图中只有两只引脚,但市场上可供选择的几乎全是四脚封装形式,有助于固定引脚,内部包含两只已经互连的开关部件,用万用表可判别单边引脚导通还是对角引脚导通,这类按键同样有多种尺寸可供选择,按键操作杆的高度可以根据最终装配的需要选定。这里选定(12×12×5) mm 轻触开关立式四角,对脚导通,如图 5-7 所示,按键封装命名为 A-key4,焊盘编号为 1、2,增加了 PCB 设计的灵活性。

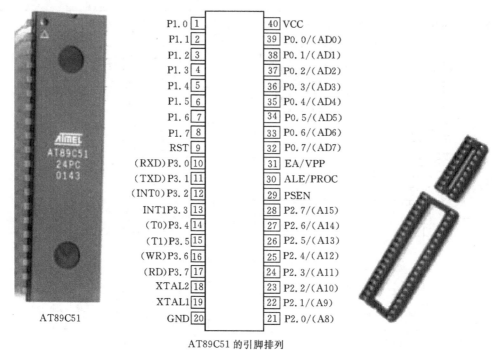

AT89C51　　　　AT89C51 的引脚排列

图 5-6　元件外形及引脚排列

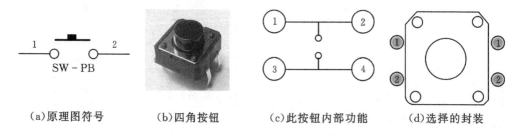

（a）原理图符号　　（b）四角按钮　　（c）此按钮内部功能　　（d）选择的封装

图 5-7　四角按键实物及内部结构、电气符号和封装的确定

（3）数码管：由多个发光二极管（A 到 G 及 dp 8 个二极管）封装在一起组成"8"字型的器件，当特定的二极管通电后便会发光，几个不同的二极管组合在一起发光，便会显示出我们所看到的数字或字样。LED 数码管型号较多，规格尺寸也各异，显示颜色有红、绿、橙等。选用超小型 LED 数码管，HS3611AH 或者 SM420361，0.36 inch 一位共阴数码管，如图 5-8（a）所示，在库中选用的电气符号，如图 5-8（b）所示。

（4）晶振：直插晶振 12 MHz 石英晶体，如图 5-9（a）所示。2 mm×6 mm 圆柱形晶振，及椭圆型晶振实物外观，椭圆晶振参数如图 5-9（b）所示，对于集成库中没找到满意的对应封装，需要自行制作。

（5）锁存元件：选用集成块 74HC164AN，在 ON Semi Logic Register. IntLib 库中。封装选择 DIP-14。

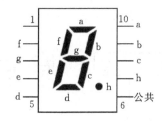
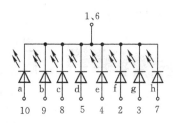

（a）0.36 inch 一位共阴/红色实物外观和内部结构图

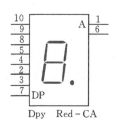
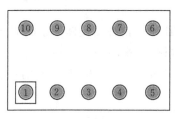

（b）混合库中选用的电气符号和自带的封装

图 5 - 8　超小型共阴极数码管及引脚排列,对应电气符号与封装

（a）不同外观两脚直插晶振和电气符号

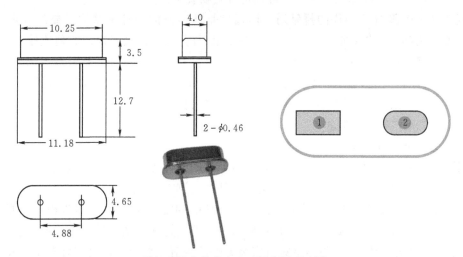

（b）元件参数信息和对应制作的封装

图 5 - 9　直插晶振外观、电气符号和封装

(6)排阻:9 脚 10K 直插排阻,如图 5-10 所示,电气符号可采用混合元件库 Header 9 来表征,自带的封装 HDR1X9 完全符合元件和电气符号的要求。

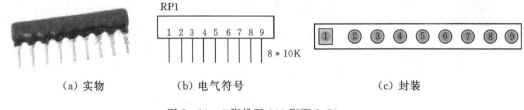

(a)实物　　　　　(b)电气符号　　　　　　(c)封装

图 5-10　9 脚排阻 103 脚距 2.54 mm

(7)三极管:8550 和 TIP127,请查阅元器件说明书,参照项目 3,调用合适的封装形式。

(8)扬声器:这里用无源蜂鸣器,如图 5-11 所示。电气符号在混合库中可用 Speaker,自带封装 PIN2,检查是否和实际元件间距相符,不符需调整,并注意正负极性。

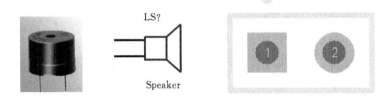

图 5-11　蜂鸣器实物外观、电气符号和封装

(9)接插口:8 脚双排连接件、6 脚单排连接件,实现与马达驱动电路、红外探测模块的拼接端口,主板与马达电路的电源二端口,读写三端口等,还留有霍尔三端口和超声波四端口。引脚配置合适,引脚间距 2.54 mm 的排针或排母,如图 5-12 所示。电气图形符号均在混合库 Miscellaneous Connectors 中,自带的封装符合实物要求。

对于 3 个引脚、4 个引脚的排针/排母,通常是从整排的排针中截取需要的数量。实际电路板上端口之间的连接,如图 5-13 所示,有线束、杜邦线(母/公)等,以方便连接。

(10)电路中的其他元件,电源开关、稳压块,可自行查阅资料获取封装参数,制作封装。对于电阻、电容元件封装,显示模块的限流电阻,用 AXIAL-0.3 封装,其余电阻采用 AXIA-0.4。电容元件根据耐压和容量大小,调用合适的元件封装。

2 原理图元件符号的制作

1)原理图元件符号与实际元件的区别

原理图元件是原理图绘制的最基本要素,原理图元件为实际元件的电气图形符号,有时也称原理图元件为电气符号,电气符号与实际元件的区别有:

(1)电气符号可以描述关于该元件的所有外部引脚的主要信息,也可以根据需要仅描述该元件的某些部分信息。比如在绘图时,可以将与当前设计无关的一些引脚隐藏,这样可以突出重点,增强图纸的可读性,但并不意味着实际元件不再有这些引脚。这在含有子元件的复合元件中常遇到,隐藏电源、接地引脚。

(2)为了增强图纸的可读性,所绘制的电气符号的引脚分布及相对位置,可以根据需要灵活调整,但并不意味着实际元件的引脚分布及相对位置也会因此而变。

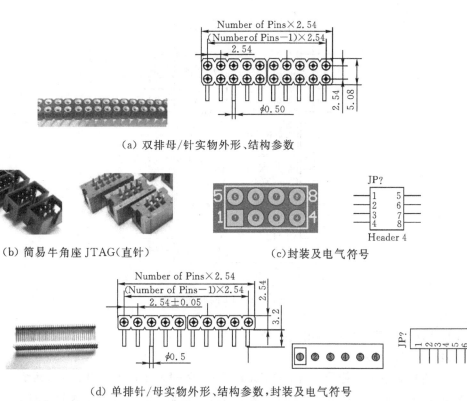

（a）双排母/针实物外形、结构参数

（b）简易牛角座 JTAG（直针）　　　　（c）封装及电气符号

（d）单排针/母实物外形、结构参数，封装及电气符号

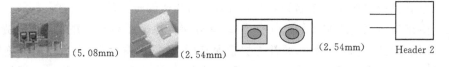

（e）电源接线 二端口

图 5 - 12　接插件端口实物与封装

（a）2.54mm 灰排双头线　　（b）1P 对 1P 杜邦线　　（c）2.54 - 2P 带线头子（配直针插座）

图 5 - 13　连接件的连线

（3）所绘制的电气符号的尺寸大小并不需要和实际元件的对应尺寸成比例。

以 89C51 芯片为例，元件实物外形及引脚排列如图 5 - 6 所示。原理图元器件库中没有找到完全一致的，需要在自建库中修订 89C51 的电气符号，如图 5 - 14 所示。

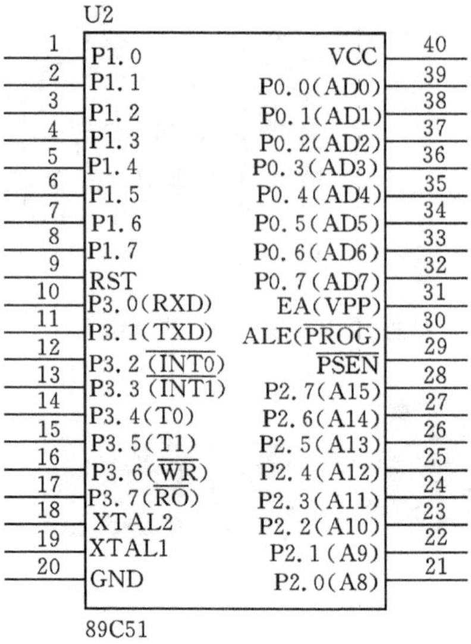

图 5-14　89C51 的电气符号

2) 在自建库中修订 89C51 的电气符号

（1）创建元器件封装库。

**方法一**：直接新建电气符号库，执行【File】→【New】→【Schematic Library】，系统自动生成缺省名为 SchLib1. SchLib 的库文件，并将其作为电气符号编辑器的当前编辑文件，点击面板【Sch Library】，在其中已包含一个名为【Component_1】的待编辑元件。

**方法二**：生成当前原理图文件的电气符号库，必须保证原理图被打开并处于当前被编辑状态。在小车主板电路图绘制过程中，通常先加载现有库，放置现有元件，然后生成当前原理图的对应元件库，在这个库中新建元件或对现有元件进行修订。新建的元件可以立即加载到原理图中，经过修订的元件可以立即对原理图中这个元件进行更新。

执行【Design】→【Make Project Library】，系统自动生成与该原理图同名的电气符号库，并在库元件列表框中列出了该原理图中包含的所有元件，元件编辑区显示了当前处于被选择状态的元件的电气符号。

（2）电气符号的制作。

单击库元件列表框下的【Add】按钮开始新建元件，输入"89C51"并确认。

①绘制矩形元件体。单击绘图工具面板的矩形框放置工具，在编辑区绘制一个矩形框。矩形框的左上角定位在原点（编辑区两条粗实线的交点）处，可边绘制边调整。

②放置引脚并编辑。引脚的放置及属性设置。执行【Place】→【Pin】，按键盘上的 Tab 键，弹出引脚属性框，在【Display Name】框中输入"P0. 0"，在【Designator】框中输入"39"，在【Graphical】选项组的【Length】框中设置 30（默认单位为 mil）。设置好后将引脚移到相应位置并单击确认。

**注意**：务必将该引脚具有电气连接特性的一端放置在图形符号外侧，这一端用"×"或红色米字符指示。

此时操作依然处于放置引脚状态，用同样的方法继续放置并编辑引脚。

引脚名称上划线标注功能：在需要添加上划线的每个字符后输入"\"即可。以第 31 脚名称为例，在引脚属性设置【Display Name】框中输入"E\A\/VP"（其余引脚按类似的方法处理）。

INT0、INT1 的放置及属性设置：这两只引脚具有低电平输入有效的特性。在引脚属性设置对话框的【Symbols】选项组的【Outside Edge】下拉列表中选择【Dot】选项，即可。

VCC、GND 的放置及属性设置：可以在元件体周围的任意位置放置 VCC 及 GND 引脚。

将 VCC 及 GND 隐藏的操作如下：双击 VCC 引脚，在系统弹出框【Graphical】选项组中选中【Hidden】复选框，VCC 引脚随即隐藏，对 GND 的操作完全相同。

③保存。单击元件列表框下的【Place】按钮可将该元件放置至原理图中。

对于实际元件而言，不同的元件可以有相同的电气符号。在原理图界面中，放置基本类似的元件，只有几个管脚编号与名称不同，可以适当再编辑。在 Atmel 库文件夹 Atmel Microcontroller 8 - Bit AVR. IntLib 库下，有 ATmega161-4PC 元件，如图 5 - 15 所示，与 89C51 实物元件管脚对比，只要修改 29、31 引脚名称即可。

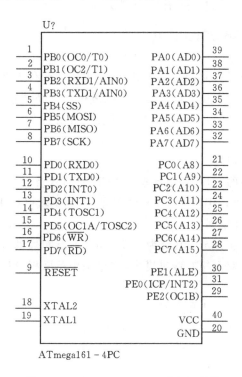

图 5 - 15　ATmega161 - 4PC 电气符号

修改方法：双击元件，在弹出的元件属性框中点击左下角的【Edit Pins】，然后在弹出的元件引脚编辑框中，双击编号 29 引脚，弹出引脚属性编辑框，在【Display Name】文本框中重新输入"P\S\E\N\"，点击【OK】完成编辑修改。依据此方法，继续修改元件引脚名称。

### 3. 绘制小车主电路原理图

绘制原理图的方法和步骤同前面项目，需要强调的是，原理图的绘制过程和电气符号的制作以及封装形式的制作往往是同步进行的，并非按本书所列步骤顺次展开。

（1）加载元件，元件的编号、必要的注释、型号、数值、封装视需要同时给定，将元件的位置做适当调整。

（2）单片机 AT89C51 电气符号的放置，可以先打开该元件所在的自建库，点击【Place】，放置该元件在原理图中。当然，如果绘图过程暂时没有制作，可用类似外形暂时代替，如图 5 - 15 所示，后续编辑修改后，执行【Tools】→【Update Schematics】更新到原理图。

（3）调整元件布局及标注、连线、放置网络标号，完成电气原理图的绘制，并保存。

（4）查看原理图元件封装并更改。同类元件封装的更改，采用全局属性修改更快速便捷。

比如：锁存显示的限流电阻采用 AXIAL - 0.3，默认 AXIAL - 0.4，采用全局修改快捷方便。

按键的封装，调用前面制作的封装 A-key4（专题训练Ⅰ），利用全局修改图中的封装。必须注意，将 A-key4 封装所在的库文件添加到当前 PCB 设计库中，否则在后面 SCH 更新到 PCB 时无法调入该元件的引脚封装。

### 4. 小车主电路 PCB 设计，包括扩盘处理

（1）将原理图更新到 PCB 设计文件中。

（2）手工布局。

按模块单元进行电路布局，显示部分布局，单片机核心元件及外围元件布局，晶振元件靠近单片机对应的管脚，并注意干扰去耦电容位置的放置。已经调好位置的关键元件，双击弹出元件属性框中将其"Locked"锁定。然后适当调整各元件标注的尺寸和位置，不要将其放在元件图形轮廓符号和焊盘上。

（3）物理和电气边界的规划。

元件加载后，进行适当的布局，并由此核定 PCB 的形状及尺寸，对无安装卡槽的 PCB，可采用螺丝四角固定。设置四只孔径为 4 mm 的焊盘，配套螺丝可选用市场上 φ3 的标准件。

（4）板层、印制导线宽度规划。

设置 VCC、GND 线宽为 1 mm，其余为 0.5 mm。不能布通的导线采用"跳线"，对于 PCB 设计来说，单面板的布线比双面板布线难度大，这里采用单面板设计。

（5）焊盘的扩盘处理。

考虑到 PCB 单面板制作工艺和元件装配的需要，解决焊盘面积本身较小的办法是"扩盘"处理，即增大焊盘的面积。如何进行电路元件的扩盘处理呢？

在 PCB 设计产生的项目封装库中，批量编辑 PCB 元件封装焊盘。具体操作如下：

①将鼠标移至目标元件 DIP - 14 轮廓区域空白处右击，在弹出快捷菜单中选择【Find Similar Objects】，弹出相似对象查找对话框。

②设置查找对象的特征，如想查找元件（封装），将【Component】项设置为"Same"（相同），表示将查找所有相同的元件。

注意：一定要勾选【Select Matched】，表示查找结束时选中所有匹配的对象。

③单击【Apply】按钮，系统自动进行相应筛选，并高亮显示筛选结果。

④单击【OK】，弹出 Inspector（观察器）对话框，如图 5 - 16 所示，在此进行编辑修改。

将集成块焊盘设置成椭圆形，焊盘 X 方向尺寸为 2 mm，Y 方向尺寸为 1.7 mm，修改后，按键盘上的 Enter 键，系统会弹出提示框，如图 5 - 17 所示，单击【Yes】，库中所有元件的焊盘均被修改。

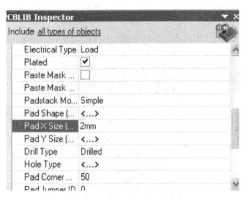

图 5 - 16　全局修改焊盘属性

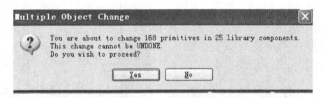

图 5 - 17　PCB 库的封装焊盘修改提示框

⑤执行菜单命令【Tools】→【Update PCB With All Footprints】,将库中所有的封装更新到当前 PCB 中,PCB 设计中的焊盘全部被修改。

⑥将 PCB 设计同步更新到 SCH,执行菜单命令【Design】→【Update Schematic in】,将 PCB 的变化更新到 SCH。

建议将"扩盘"封装所在库,建立个性库,方便以后绘制 SCH 与 PCB 设计时直接调用,从而加快 PCB 设计效率和准确性。

(6)手工布线与局部自动布线。

按模块单元进行布线,布线完成仍需要仔细审查,进行必要的调整,直至比较满意为止。可参阅图 5 - 18。

(7)添加标注和说明性文字。

在电路板中,为了便于装配、焊接和调试,一般需要额外加入标注和说明性文字。下面以添加"红外接口"和"GND"标注为例进行介绍。

①通常标注和说明性文字放置在 Top Over Layer 层,这里标识为便于识别,将其放在底层,以区分丝印层本身的元件编号。

②执行菜单命令【Place】→【String】,按 Tab 键,弹出属性框,在【Text】中输入标注红外接口。【Layer】:文字所在层面选择,这里选择 Bottom Layer 底层;在【Font】选项中将 True Type 选中,在【Font name】下拉列表中,选中字体类型,然后在合适位置单击放置,即可。

按照此方法,继续添加 PCB 的标注。

至此,已完成小车主控电路的 PCB 设计,如图 5 - 18(a)所示。已清晰看清元件的布局及布线,提供了顶层元件面,如图 5 - 18(b)所示,底层焊锡面的导线情况,如图 5 - 18(c)所示。

总之,PCB 设计需要对元器件的选型、电路设计、电子组装工艺等技能与知识有深刻的认识,基于软件平台认真、仔细地去做电路 PCB 设计。PCB 设计图是与实物板子一一对应的。

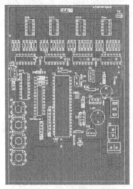

(a)PCB 设计图

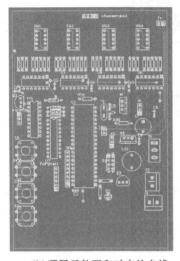

(b)顶层元件面和对应的走线

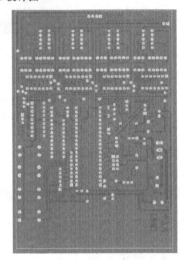

(c)PCB 底层布线图

图 5-18  小车主板电路 PCB 设计

## 任务 4  小车红外探测电路的 PCB 设计

关于红外探测部分的 PCB 设计,请查阅项目 4 的实践训练部分。

1)快速完成 SCH 绘制

(1)一路红外探测绘制完成,其他两路可采用复制、粘贴。

(2)SCH 中可以更换子元件单元。双击子元件,如图 5-19 所示,用了 Part1/2,单击 >
会选用 Part2/2。一片集成块 2 个单元用完,再换另一片。

(3)接着执行【Tools】→【Reset Schematic Designators】,还原为带"?"的元件,然后再自动
编号。

2)PCB 元件布局

传感器通过信号采集,向单片机提
供信息,因此传感器合理的布局很重要,
这里红外光电传感器 TRRT5000,呈"M

图 5-19  选用子元件

型布局",以便小车转弯时,左右两边后部的传感器有较大的采样空间,M 型中间底部的传感器,更好地确定小车的位置,整个布局有利于在弯道处提高小车速度。另外,小车红外探测与小车主电路板之间的连接,连接器的放置要特别注意。

## 任务5　小车电机驱动电路的 PCB 设计

### 1. 驱动电路电气原理图

设计采用光电耦合器 TLP521 和 L298N 电机专用驱动芯片带动两个 9 V 的直流电动机。两个二端连接器用于连接两个电机,另外一个二端连接器用于电源 VP(7 V)的连接。一个 8 脚的双端口连接器用于主电路单片机端口的连接。完成电气原理图的绘制,如图 5-20 所示。

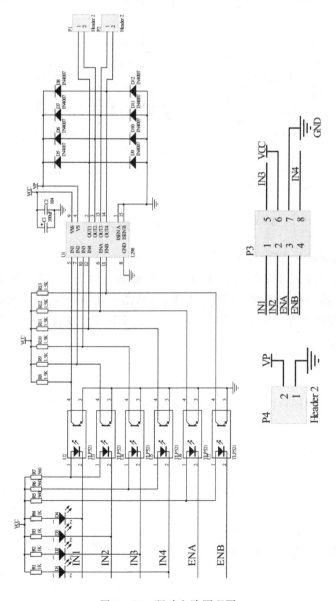

图 5-20　驱动电路原理图

**提示:**光电耦合电气符号(TLP521)存在于元器件混合库中,而在库中没有找到 L298N,需自己绘制电气符号,并调用。

## 2. 主要元件的基本资料

下面提供驱动电路图中一些元件的基本资料,根据需要选用。

1)光电耦合器 TLP521-1 的封装形式及引脚分布

直插光电耦合器 TLP521 的实物和结构参数信息如图 5-21 所示。DIP-4 封装符合元件实物和电气符号要求。

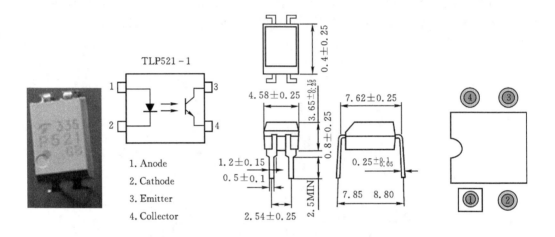

图 5-21　TLP521 实物、结构参数及对应的封装

2)电机专用驱动芯片 L298N

L298N 恒压恒流桥式 2 A 驱动芯片,4 通道逻辑驱动电路,可以方便地驱动两个直流电机。元器件外形和器件结构参数如图 5-22 所示,从图中获得的信息,如两列引脚垂直间距为 5.08 mm,确定绘制的元件封装如图 5-22(d)。封装外形需要装散热片的位置,画了一条图形线,以便散热片的装配。

## 3. 驱动电路 PCB 设计

仔细分析电气原理图,对于不熟悉的元件,自行查找相关元件的资料,合理地选择元件的封装形式,完成 PCB 设计。

单面 PCB 设计几点提示如下:

(1)对 PCB 元件封装扩盘处理。

(2)走线宽度的设置。接地导线设置为 1.5 mm,电源线为 1.2 mm,其余取 1 mm。

(3)调整优化布局、布线。

(4)核定 PCB 形状及尺寸的规划。

电路 PCB 设计,如图 5-23 所示。

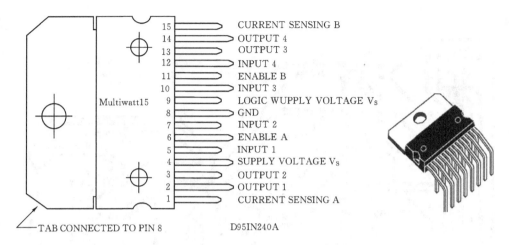

| 15 | CURRENT SENSING B |
| 14 | OUTPUT 4 |
| 13 | OUTPUT 3 |
| 12 | INPUT 4 |
| 11 | ENABLE B |
| 10 | INPUT 3 |
| 9 | LOGIC WUPPLY VOLTAGE $V_s$ |
| 8 | GND |
| 7 | INPUT 2 |
| 6 | ENABLE A |
| 5 | INPUT 1 |
| 4 | SUPPLY VOLTAGE $V_s$ |
| 3 | OUTPUT 2 |
| 2 | OUTPUT 1 |
| 1 | CURRENT SENSING A |

Multiwatt15

TAB CONNECTED TO PIN 8　　　D95IN240A

（a）实物引脚排列　　　　　　　　　　　（b）元器件外观

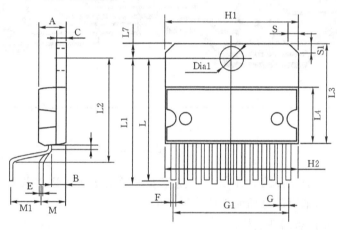

（c）直插元件剖面结构图

| DIM. | mm | | | inch | | |
|---|---|---|---|---|---|---|
| | MIN. | TYP. | MAX. | MIN. | TYP. | MAX. |
| A | | | 5 | | | 0.197 |
| B | | | 2.65 | | | 0.104 |
| C | | | 1.6 | | | 0.063 |
| D | | 1 | | | 0.039 | |
| E | 0.49 | | 0.55 | 0.019 | | 0.022 |
| F | 0.66 | | 0.75 | 0.026 | | 0.030 |
| G | 1.02 | 1.27 | 1.52 | 0.040 | 0.050 | 0.060 |
| G1 | 17.53 | 17.78 | 18.03 | 0.690 | 0.700 | 0.710 |
| H1 | 19.6 | | | 0.772 | | |
| H2 | | | 20.2 | | | 0.795 |
| L | 21.9 | 22.2 | 22.5 | 0.862 | 0.874 | 0.886 |
| L1 | 21.7 | 22.1 | 22.5 | 0.854 | 0.870 | 0.886 |
| L2 | 17.65 | | 18.1 | 0.695 | | 0.713 |
| L3 | 17.25 | 17.5 | 17.75 | 0.679 | 0.689 | 0.699 |
| L4 | 10.3 | 10.7 | 10.9 | 0.406 | 0.421 | 0.429 |
| L7 | 2.65 | | 2.9 | 0.104 | | 0.114 |
| M | 4.25 | 4.55 | 4.85 | 0.167 | 0.179 | 0.191 |
| M1 | 4.63 | 5.08 | 5.53 | 0.182 | 0.200 | 0.218 |
| S | 1.9 | | 2.6 | 0.075 | | 0.102 |
| S1 | 1.9 | | 2.6 | 0.075 | | 0.102 |
| Dia1 | 3.65 | | 3.85 | 0.144 | | 0.152 |

（d）元件剖面结构参数　　　　　　　　　（e）绘制的 L298N 封装

图 5 - 22　L298N 元器件实物与管脚排列、封装

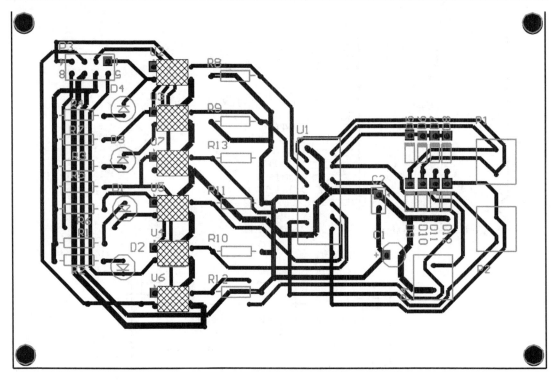

图 5-23  LM293N 电机驱动电路的 PCB 设计

图 5-23 为直插元件的 PCB 设计。这里要求对驱动电路 PCB 设计进行如下修订：

(1)将稳压管、电阻的直插元件改成贴片的封装。

(2)将贴片元件布局在底层。

(3)在周围添加 4 个安装孔。

(4)缩减 PCB 板面积。

参阅项目 4 的操作,完成含有表贴式元件的双面 PCB 设计。

## 任务 6   PCB 设计检查与修订

### 1. PCB 设计检查

运用 DRC 检查电路板的对象(如导线、焊盘、过孔等),查看是否违反了前面通过【Design】→【Rules】的各种规则要求,如安全间距、导线宽度等。

执行菜单命令【Tools】→【Design Rule Check】,进行检查,有错误进行修改。但这种检查,不能查出封装是否合适,网络连接是否接错。仍然需要再次检查 PCB 设计。

(1)检查电气 SCH。SCH 连接关系有错误,势必影响到 PCB 的网络连接。

(2)检查 PCB 元件(封装)是否符合实物元件的要求。

(3)检查布局、布线是否符合电气和工艺规范。

通常,在 PCB 批量制作前,先制作样品,进行元件装接,硬件线路检测,经济出现的问题有：

①板上元件安装不上,如电源二端口连接器配置到 PCB,元件引脚间距与焊盘间距不一样,封装焊盘间距为 2.54 mm,而实物引脚间距为 5.08 mm,由此带来元件安装的问题,直接影响板子的美观。

②线路连接错误,对照原理图用万用表检查 PCB 线路开路、短路情况。

## 2. 在 PCB 中直接修订封装

PCB 设计过程中对于少数封装不符合要求的,在 PCB 中直接修改,如焊盘大小、焊盘的间距或元件的外形。以二端口连接器的焊盘间距调整为例,操作如下:

(1)取消元件封装的锁定状态。双击该元件封装,弹出属性对话框,如图 5-24 所示,取消【Lock Primitives】复选框的选中状态,点击【OK】按钮,后面就可以对封装进行修改。

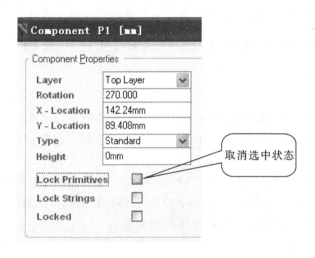

图 5-24　取消元件图元锁定

(2)修改封装,将焊盘间距增大为 5.08 mm。

将一焊盘设为定位点,另一焊盘通过坐标设置来定位。当然,也可在状态栏观察焊盘移动距离来确定。或者直接拖动一焊盘,通过距离测量检查是否为 5.08 mm,然后适当调整外形轮库。

(3)将如图 5-24 所示的【Lock Primitives】复选框选中,锁定封装(图元)。

## 3. PCB 中新加入连接器或连线端口,进行网络设置

给电路板提供电源、加入输入信号或测试信号,常需要在电路板放置额外的接插件或焊盘。放置的 PCB 元件与 PCB 其他元件之间没有"飞线"连接,即焊盘没有网络属性。必须修改焊盘网络属性,使其与其他元件封装之间实现正确的电气连接,为连线作准备。

下面以小车电路连接超声波的二端口 JP3 为例作一介绍。

(1)手工放置封装元件,并修改元件标号

手工放置封装 HDR1×2H,在属性中将【Designator】修改为 JP3,放置到 PCB 合适位置。

(2)使 JP3 焊盘和相应网络连接起来。

在原理图中查看各元件的连接关系,即 J3 的第 2 脚与 U2 的第 13 脚相连(对应的网络名称为 TRIG),J3 的第 1 脚与 U2 的第 14 相连(对应的网络名称为 ECHO)。

(3)在 PCB 设计中,修改焊盘网络属性。

双击 J3 的第 1 号焊盘,打开该焊盘的属性对话框,如图 5-25 所示,选择【Net】网络属性为【ECHO】;同样方法,设置 J3 的第 2 号焊盘网络为【TRIG】。在 PCB 中可看到表示电气特性的"飞线"连接到 J3,指引导线的连接。

图 5-25　修改焊盘属性

### 4. 直接在 PCB 图中修改封装的焊盘编号

在 PCB 设计中,如果某些元件的原理图中的管脚号和印制板中的焊盘编号不同(如二极管、三极管等),这些元件的网络飞线会丢失或出错,此时可以直接双击元件焊盘,在弹出的焊盘属性框中修改焊盘编号,来达到与电气管脚编号匹配的目的。

## 任务 7　PCB 设计后续优化,补泪滴、包地和敷铜

### 1. 补泪滴

单面板中为了在加工和焊接时分散应力,通常在窄导线进入焊盘和过孔时,逐步加大导线宽度,形成泪滴状,从而有效地分散应力,防止焊盘脱落虚焊。制作泪滴状导线的操作称为补泪滴。操作步骤如下:

(1)选择要补泪滴的导线或网络,可以根据导线的粗细,选择需要补泪滴的导线。

(2)执行菜单命令【Tools】→【Teardrop Style】,弹出补泪滴选择对话框,如图 5-26 所示,左边选择操作的对象,右边选择操作动作和泪滴类型。

(3)点击【OK】,即可。

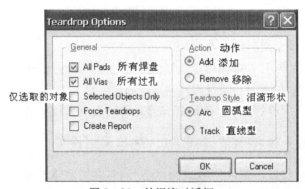

图 5-26　补泪滴对话框

### 2. 包地

本电路中石英晶体振荡电路就近芯片管脚布局,工作时易产生干扰,采用双层包地的处理方法有助于降低与周围电路之间的影响。

添加外围线,执行菜单命令【Tools】→【Outline Objects】,为选中的导线添加外围线,由于此时外围线并未连接到地,所以还不叫包地。选中所有外围线,将所有外围线的网络属性修改为 GND,连接地线,如图 5-27 所示。

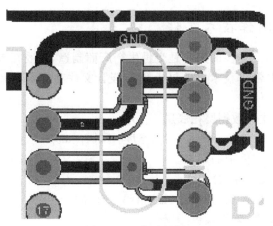

图 5 - 27　包地效果

## 3. 敷铜

为了提高对电路板的抗干扰、导电能力，以及导线对电路板的黏附力，对无导线区和对干扰较为敏感的区域可进行地线和电源线敷铜。

执行菜单命令【Place】→【Polygon Pour】，按下 Tab 键，弹出敷铜属性对话框，如图 5 - 28 所示，修改属性。

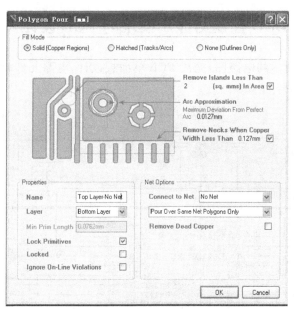

图 5 - 28　修改敷铜属性

【Connect to Net】：连接导线的网络名称。

【Pour Over Same】：包围相同网络走线，选中该选项，可以使敷铜和导线融为一体，否则导线和敷铜只是以小导线连接，并未连接在一起。

【Remove Dead Connect】：删除死铜，选中该选项，可以删除 PCB 板中没有与任何网络连接的导线（即所谓的死铜）。

参数设置后，OK 光标变成十字形，绘制敷铜区。尝试给红外探测部分添加敷铜区。

## 任务 8　PCB 制作技术文件

PCB 图设计完成后,下一步的工作是交付生产厂商制造,在委托专业厂家制板时,应该提供制板的技术文件,PCB 制作技术文件包括 PCB 设计文件和技术要求说明。

本项目技术文件如下:

(1)单面板的要求,注意敷铜层在底层。

(2)板材:FR - 4,板厚度 1.6 mm。铜箔厚度:不小于 35 μm。

(3)孔径和孔位均按文件中的定义。

(4)线宽、焊盘间距及尺寸、公差。

(5)导线和焊盘的镀层要求(指镀金、银、铅锡合金等)。

(6)板面阻焊剂的使用,阻焊颜色为绿色。

(8)字符颜色:白色。

(8)表面处理:热风整平。

(9)数量:20 片。

(10)工期:7~10 天。

这些内容成为厂家决定收费标准、制订制板工艺过程的依据,也是双方交接质量认定的标准之一。

# 实践训练　线性 LED 控制与显示模块的 PCB 设计

绘制如图 5 - 29 所示的电路图,完成 PCB 单面板设计,电路元件布局结构合理,电源、地线宽度为 1 mm,其他为 0.5 mm。

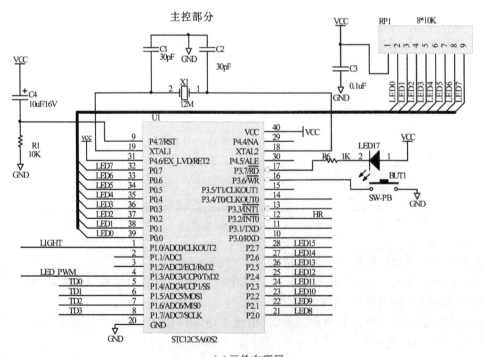

(a)元件在顶层

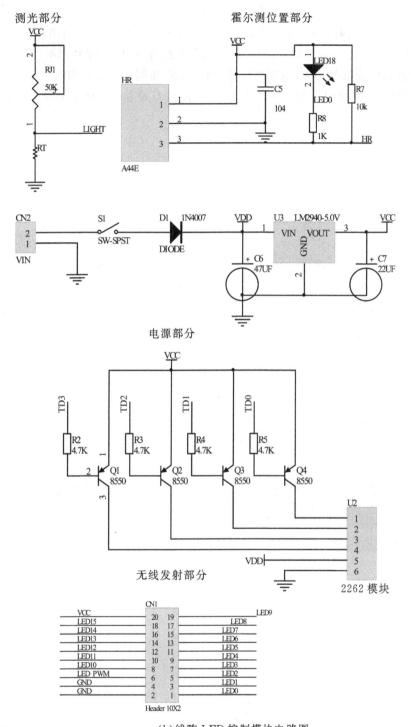

测光部分

霍尔测位置部分

电源部分

无线发射部分

2262 模块

(b)线阵 LED 控制模块电路图

图 5 - 29　线阵 LED 原理图

**提示：**

（1）SCH 绘制，请正确放置总线、总线分支和网络标号。放置总线以增加识图的方便、直观，总线代表的是具有电气特性的一组导线，总线和总线分支、网络标号密不可分。

（2）LED 显示模块电路，元件全部用贴片，PCB 元件布线均在底层布局。

（3）PCB 设计，不仅要以实现电路功能为目的，而且需要考虑机械结构和工艺要求。

# 拓展项目——高速电路多层 PCB 设计

## 任务引入

在当今飞速发展的电子设计领域中,高速电路和高速 IC 不断涌现,CPU 和网络等迈入了 GHz 的时代,PCB 的复杂度也越来越高,高速化和小型化已成为电路设计的必然趋势,电子技术的飞速发展给 PCB 板级设计带来许多新的问题和挑战。电子元件体积的减小,电路布局布线密度变大,信号频率不断提高,使得电路板设计成为系统能否正常运行的关键因素,PCB 的连接线和板层特性对系统电气性能的影响也越发重要。

## 任务要求

1. 在熟练单、双面板设置的基础上,进行多层板的设置。
2. 多层板的叠层设计,信号层与内电层的关系,抑制干扰。
3. 了解内电层的分割。

## 任务分析

### 1. 信号层与内电层

PCB 多层板大多应用于线路较复杂高频,高速信号等方面,相对于双层或单层板来说,制作成本较高,但在信号完整性,抗干扰性等方面相对较好。多层板与双面板不同之处在于多了内电层(参考层),内电层一般用于接地和接电源,大量的接地或接电源引脚不必再在顶层或底层走线,而可以直接(直插式元件)或就近通过过孔(贴片元件)接到内电层。

Signal Layers(信号层)与 Internal Plane(内电层),这两种导电图层有着完全不同的性质和使用方法。信号层一般用于纯线路设计,包括外层线路(顶层、底层)和内层线路(中间层)。而内电层称为电源/接地层,即不布线、不放置任何元件的区域,完全被铜膜覆盖。信号层内需要与电源或地线相连接的网络通过焊盘或过孔实现连接,这样可以大幅度缩短 PCB 中供电线路的长度,极大地减少了顶层和底层的布线密度。

### 2. 层叠结构设计

实际设计中人们往往局限于对信号线进行研究,而把电源和地当成理想的状态来处理。这样做虽然能使问题简化,但在高速设计中,这种简化是行不通的。电路设计的优劣会直接从信号质量上表现出来,但 PCB 中参考层的设置却是与信号的质量密切相关的。优秀的参考层设计对信号噪声、畸变等有良好的抑制作用,而不合理的参考层设置却会成为产生信号噪声的来源。

在高速板的设计中,对叠层的安排非常重要。一个好的叠层设计方案会大大减少各种干扰的产生。四层板叠层方案分析如下:

方案 1
TOP ——————
GND ——————
POWER ——————
BOTTOM ——————

方案 1:为业界现行四层 PCB 的主选层设置方案,在元件面下有一地平面,关键信号优选布 TOP 层。

方案 2:为了达到想要的屏蔽效果,至少存在以下缺陷:

①电源、地相距过远,电源平面阻抗较大;

②电源、地平面由于元件焊盘等影响,极不完整;

③由于参考面不完整,信号阻抗不连续。

方案 2
GND ——————
S1 ——————
S2 ——————
POWER ——————

在当前大量采用表贴器件,且器件越来越密的情况下,电源、地几乎无法作为完整的参考平面,方案 2 使用范围有限。但在个别单板中方案 2 为最佳层设置方案。

方案 3
BOTTOM ——————
GND ——————
POWER ——————
TOP ——————

方案 3:同方案 1,适用于主要器件在 BOTTOM 布局或关键信号底层布线的情况,一般情况下,限制使用此方案。

方案 4
GND ——————
POWER ——————
BOTTOM ——————
GND ——————

方案 4:外面层均走地层,内部层走电源和信号线,这种方案是层板设计的最佳叠层方案,对噪声有极好的抑制作用,同时对降低信号线阻抗也非常有利。但这样布线空间较小,对于布线密度较大的板子显得比较困难。

在叠层设置时最好保证每个信号走线层都有很近的电源平面或者地平面相对应。一般来说,对于较复杂的高速电路,最好不采用四层板,因为无论从物理上还是电气特性上,它存在若干不稳定因素。

现在很多电路板都采用 6 层板技术,如内存模块,大多采用 6 层板(高容量的内存模块可能采用 10 层板)。常规的层板叠层设计结构:信号—地—信号—信号—电源—信号。从阻抗控制来,这样安排是合理的,但由于电源离地平面较远,因此对反弹噪声的抑制效果不是很好。如果将内电层改为放在第 3 层和第 4 层,则又会造成第 1 层和第 2 层走线层之间的串扰问题。还有一种添加地平面层的方案,布局设计结构:信号—地—信号—电源—地—信号。这样无论从阻抗控制还是从降低噪声的角度来说,都能达到最佳的效果,但不足之处是布线空间比较小。

更复杂的电路实现需要使用 10 层板甚至更多层叠的技术,10 层或更多层叠的绝缘介质层很薄,信号层可以离地平面很近,这样可以很好地抑制信号之间串扰的发生。一般只要不出现严重的叠层设计失误,设计者都能较容易地在多层板中完成高质量的高速电路设计。

## 任务实施

### 1. 内存模块 6 层板设计

以内存模块 6 层板设计为例,层叠设计结构:信号—地—信号—电源—地—信号。基于 Altium Designer 设计多层电路板。

(1)打开 PCB 文件,执行菜单命令【Design】→【Layer Stack Manager】,弹出如图 5 - 30 所示的层堆栈管理器对话框。

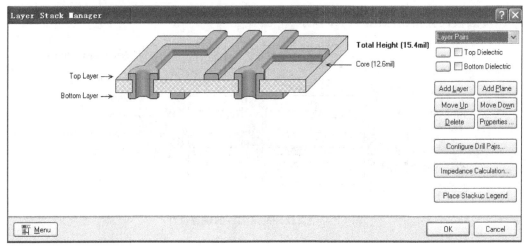

图 5 - 30  层堆栈管理器

在图 5 - 30 层堆栈管理器对话框中,默认有顶层和底层两层,需要设计多层板顺序:信号—地—信号—电源—地—信号。

(2)添加内电层/接地层。选中板层 Top layer,单击右侧【Add Plane】按钮,单击一次,完成一层的添加,添加在顶层的下面。

内电层是整个完整的平面,整个面敷铜的是负片腐蚀,有走线的地方是腐蚀掉的。可以做电源层,也可以做地层。Plane 层是不能走线的,只能敷铜,可以分割。

(3)添加中间层。选中内电层,单击【Add Layer】,即可添加信号层,单击一次,完成一层信号层的添加。利用层堆栈管理器对话框中右边的按钮,可以继续编辑,如添加层、删除层、修改层顺序(Move Up 和 Move Down)。中间层可以作为走线来用,和普通的信号层没有区别,只是走线在内部了,是正片腐蚀。

(4)层属性的修改。双击信号层可以设置该层的【Name】(名称)、【Copper Thickness】(印制铜的厚度);对内电层可以设置工作层的名字、印制铜的厚度、【Net Name】(节点名称)和定义去掉【Pullback】(边铜宽度)。

(5)内电层的命名。在没有将 SCH 网络信息传输到 PCB 的情况下,内电层是不能命名的。在有网络节点的情况下,如 SCH 传输到 PCB 文件中,可以对内电层进行命名,如图 5-31 所示。

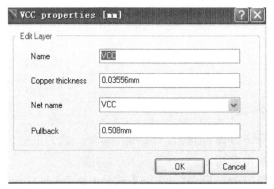

图 5-31　修改内电层的网络属性

(6)6 层板设置完成,如图 5-32 所示。

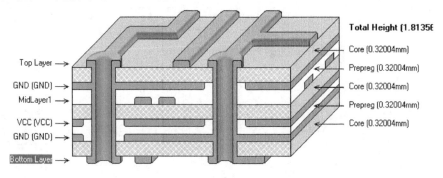

图 5-32　设置好网络属性的层叠设计

## 2. 多层板元件布局

多层板如果元件布局在顶层和底层,这与双面板相似。PCB 产品先进生产技术,元件埋入印制板等请关注行业动态。设置 PCB 布局参数,如元件的安全间距等在系统规则中设置。

## 3. 内电层的分割

有时一个系统中可能存在多个电源和地,如+5 V、+7 V、-5 V、-7 V,而接地网络也有电源地、信号地、模拟地、数字地之分。如果采用一个电源或接地网络对应一个内电层,那势必导致内电层的数目太多。通常的做法采取内电层分割的方法,将一个内电层分割为几个部分,将某个电源或接地网络比较密集的网络最先指定到划分网络。然后为将要连接到内电层的其他网络定义各自的区域,任何没有在边界线中的管脚仍然显示飞线,表示它们必须连线。

### 4. 多层板布线

在布线前,预先在布线规则中设置,顶层采用水平布线,而底层则采用垂直布线的方式。这样做可以使顶层和底层布线相互垂直,从而避免产生寄生耦合;同时在引脚间的连线拐弯处尽量避免使用直角或锐角,因为它们在高频电路中会影响电气性能。此处内容省略。

### 5. 高速多层 PCB 设计流程

现代的电子设计和芯片制造技术正在飞速发展,电子产品的复杂度、时钟和总线频率等都呈快速上升趋势。高效多层 PCB 设计流程如图 5-33 所示。

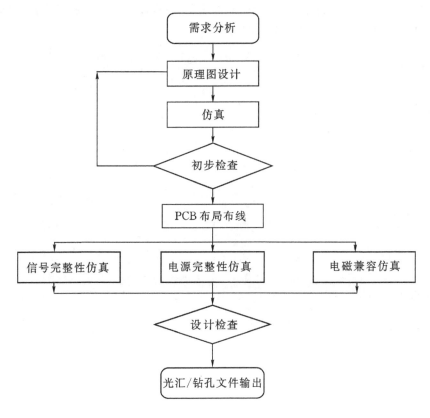

图 5-33　多层 PCB 设计流程

设计方法主要如下：

(1)预先进行 SI、PI、EMI 分析与仿真；

(2)确定设计方案和策略；

(3)将获得的各信号解空间的边界值作为版图设计的约束条件，以此作为 PCB 布局布线的依据，确定叠层；

(4)确定关键信号线的布线策略；

(5)进行预布局和预布线；

(6)确定 EMC 设计方案。

经过上述学习，请完成：

(1)内存六层板的设置，查看层叠设计(板层管理器)，与板层设置的变化。

(2)自行设计与绘制 U 盘电路图，包括器件选型、原理图设计、封装确定、原理图设计完成检查；然后设计成四层 PCB，注意内电层的分割。

# 参 考 文 献

[1]潘永雄.电子线路 CAD 实用教程(第四版)[M].西安:西安电子科技大学出版社.2012.11.

[2]兰建花.电子电路 CAD 项目化教程(Protel 2004)[M].北京:机械工业出版社,2012.08.

[3]陈强.电子产品设计与制作[M].北京:电子工业出版社,2010.08.

[4]元器件规格说明书,电查网 www.ic5.cn.

[5]浙江省电子设计竞赛(TI 杯),http://zjedc.hdu.edu.cn/